高等职业教育安全类专业系列教材

企业安全生产双重预防机制建设

主　编　王文甫　李晓锦　黄兰林

副主编　崔　睿　姚经春　王清莲

本书练习题参考答案

本书电子题库

西南交通大学出版社

·成　都·

内容简介

本书是高等职业院校安全工程管理类专业课程教材。

主要内容：安全生产双重预防机制概述、双重预防机制建设准备工作、风险分级管理、隐患排查治理、双重预防机制信息化平台建设与应用、绩效动态评估与持续改进等内容，共6个模块。

本书可作为高等职业技术学校、高等专科学校安全工程类专业和其他相关专业的通用教材，也可作为中等专业学校、成人教育学院、技师学院、企事业单位安全生产管理人员和职工培训教材，同时可供各级安全生产监督管理机构、技术服务机构和相关行业技术人员参考。

图书在版编目（CIP）数据

企业安全生产双重预防机制建设 / 王文甫，李晓锦，
黄兰林主编. -- 成都：西南交通大学出版社，2024.
12. -- ISBN 978-7-5774-0307-6

Ⅰ. X931

中国国家版本馆 CIP 数据核字第 2025AF8890 号

高等职业教育安全类专业系列教材

Qiye Anquan Shengchan Shuangchong Yufang Jizhi Jianshe

企业安全生产双重预防机制建设

主　编 / 王文甫　李晓锦　黄兰林

策划编辑 / 韩　林　黄庆斌　吴　迪　郑丽娟　周　杨
责任编辑 / 赵永铭
封面设计 / 吴　兵

西南交通大学出版社出版发行

（四川省成都市金牛区二环路北一段 111 号西南交通大学创新大厦 21 楼　610031）

营销部电话：028-87600564　　028-87600533
网址：https://www.xnjdcbs.com
印刷：成都市新都华兴印务有限公司

成品尺寸　185 mm×260 mm
印张　12　　字数　270 千
版次　2024 年 12 月第 1 版　　印次　2024 年 12 月第 1 次

书号　ISBN 978-7-5774-0307-6
定价　46.00 元

课件咨询电话：028-81435775
图书如有印装质量问题　本社负责退换
版权所有　盗版必究　举报电话：028-87600562

安全是人类最重要、最基本的需求，是人的生命与健康的基本保证。安全生产是企业发展的重要保障，是企业文化建设的重要组成部分。构建安全风险分级管控和事故隐患排查治理双重预防机制是有效防范生产安全事故的关键途径。安全生产理论和实践表明，安全风险管控不当形成隐患，隐患未及时消除导致事故，事故的发生必然存在危险因素从危险状态失控传导形成人员伤亡和财产损失后果的事故链条，这是事故发生的内在基本规律。构建双重预防机制，目的就是要斩断危险从源头（危险源）到末端（事故）的传递链条，形成风险辨识管控在前、隐患排查治理在后的"两道防线"。在充分调研的基础上，我们编写了本教材。

本书独具匠心地将实用性与创新性完美融合。在实用性层面，本书摒弃了冗长的理论阐述，将焦点集中于双重预防机制在安全生产领域的实际应用，使读者能够在实践中学习，学习中实践，深刻体验并领会职业技术教育的独特魅力。而在创新性方面，全书以危害因素防控为核心，巧妙地将"能量意外释放论＋奶酪模型"的理论框架、安全风险分级管控与事故隐患排查治理的双重预防机制、信息化平台建设，以及绩效评估和持续改进等关键要素串联起来，构建了一条逻辑严密、互为支撑的风险管理链条，使得全书内容相辅相成，相得益彰。

本书由云南国土资源职业学院王文甫、云南阔鑫注册安全工程师事务所有限公司李晓锦和云南国土资源职业学院黄兰林任主编，由云南国土资源职业学院崔睿、中国三峡新能源（集团）股份有限公司四川分公司姚经春和王清莲任副主编。参编人员有云南国土资源职业学院张香群、云南锦凯安全技术服务有限公司陈晨和贵州首信安全技术有限公司云南分公司吴开龙。编写具体分工：模块 1 由王文甫和张香群编写；模块 2 由黄兰林和王清莲编写；

模块 3 由李晓锦和黄兰林编写；模块 4 由王文甫和李晓锦编写；模块 5 由姚经春、吴开龙和陈晨编写；模块 6 由崔睿和陈晨编写。全书由王文甫、黄兰林和崔睿负责统稿。

本书在编写过程中，得到西南交通大学出版社的大力支持，得到云南云天化信息科技有限公司何孟浩和李正宏工程师的无私指导，在此深表谢意。

由于编写人员水平和编写时间限制，书中难免存在不足之处，恳请读者批评、指正。

编　者

2024 年 12 月

目录
CONTENTS

模块 1　安全生产双重预防机制概述 ································· 001

任务 1　探索事故发生的原因与事故致因模型 ····················· 002

任务 2　解读安全风险管理与隐患排查治理 ······················· 011

任务 3　阐述安全生产双重预防机制建设的提出和推行 ············· 029

模块 2　双重预防机制建设基础工作 ····························· 036

任务 1　建设组织机构和编制实施方案 ··························· 037

任务 2　全员培训 ··· 054

任务 3　制定管理制度 ··· 060

模块 3　风险分级管控 ··· 069

任务 1　风险辨识 ··· 070

任务 2　风险评价、分级 ······································· 079

任务 3　风险分级管控 ··· 089

模块 4　隐患排查治理 ··· 104

任务 1　解读隐患排查内容与方法 ······························· 105

任务 2　隐患排查结果分类与分级 ······························· 114

任务 3　事故隐患排查治理工作的内容和程序 ····················· 121

任务 4　事故隐患治理措施 ····································· 128

任务 5　事故隐患闭环管理与隐患治理管控 ······················· 130

模块 5　双重预防机制信息化平台建设与应用 ····················· 139

任务 1　阐述信息化平台建设的背景和作用 ······················· 140

任务 2　企业双重预防信息化平台建设实践 ······················· 150

模块 6　绩效动态评估与持续改进 ···················· 172

任务 1　双重预防机制的绩效动态评估 ·················· 173

任务 2　双重预防机制的持续改进 ···················· 177

附　录 ···································· 180

参考文献 ···································· 184

模块 1 安全生产双重预防机制概述

本模块首先以"8.12"天津港特别重大事故为引子，引导学生深入思考事故发生的原因及防止事故发生的措施；其次学习事故原因分析技术，培养学生事故原因分析能力；最后，引入事故预防的基本术语，充分把握其内涵和外延，系统分析双重预防机制与风险管理的深层联系，阐明企业构建双重预防机制对于预防事故发生的极端重要性。由于重特大事故还时有发生，而双重预防机制是遏制事故发生的重要安全管理模式和技术手段，为此，党中央、国务院适时提出企业应构建风险分级管控与隐患排查治理的双重预防机制，积极防控安全生产的各种风险，进一步减少安全生产事故的发生。

任务目标

☞ 　知识目标

1. 归纳事故发生的特点。
2. 论述构建事故致因模型的意义。
3. 解释隐患、危害因素、风险的内涵。
4. 阐述安全风险管理、风险分级管控。
5. 论述双重预防机制之预防、控制与应急。
6. 表述两类危险源含义及类型划分的意义。
7. 阐述风险评价及风险分级的基本方法。
8. 解释企业双重预防机制建设的法律规定。
9. 简述双重预防机制建设的目的和意义。

☞ 　能力目标

1. 探究事故发生的机理。
2. 论证"能量意外释放论＋奶酪模型"的科学性。
3. 辨析隐患与危害因素的关系。
4. 分析危害因素、隐患与风险的关系。
5. 解析风险管理与双重预防机制的关系。
6. 解析双重预防机制建设的基本思路。

☞ 　素质目标

1. 牢固树立系统观念，系统化学习风险防控理论，系统化防控安全风险。
2. 养成真抓实干的工作作风，让双重预防工作机制真正落地，保一方平安。
3. 培养爱岗敬业的工作态度，防风险、除隐患、防事故。

案例导入

天津港"8·12"爆炸事故

2015 年 8 月 12 日 22 时 51 分 46 秒，位于天津市滨海新区天津港的瑞海公司危险品仓库发生火灾爆炸事故，本次事故爆炸总能量约为 450 吨 TNT 当量，造成 165 人遇难、8 人失踪、798 人受伤，304 幢建筑物、12 428 辆商品汽车、7 533 个集装箱受损。本次事故残留的化学品与产生的二次污染物超过百种，对局部区域的大气环境、水环境和土壤环境造成了不同程度的污染。此次事件是一起典型的生产安全责任事故，事故的发生暴露出企业、政府、中介服务机构等在安全生产工作中存在的各种问题，也凸显出目前我国工程伦理教育急需加强。

问题思考

请上网查阅相关资料，回答：天津港"8·12"爆炸事故为什么会发生？有没有办法预防类似事故的发生？带着这些问题来学习后面的内容。

任务 1　探索事故发生的原因与事故致因模型

"预防为主"是我国安全生产的方针，但一直以来，我们所实施的传统安全管理大多是一种"亡羊补牢"式的事后管理模式，并没有完全做到"预防为主"。想要有效预防事故的发生，必须探索实施更为科学的安全生产管理模式。

子任务 1　探索事故发生的原因与特点

技能点 1：探究事故发生的原因

事故是如何发生的？事故发生的内在源头在哪里？导致事故发生的外在因素又是什么？安全研究领域有多种理论解释。其中，最初的事故频发倾向论，把事故的发生仅归咎到个别人的性格特征上，认为事故多发生在极个别人身上。这些人具有容易发生事故的、稳定的、个人内在的倾向，发生了事故就将违章者开除了事。这种理论虽然认识到在事故的发生中人是非常重要的因素，但单单强调人的因素，而忽视了除人之外的其他因素，不但失之偏颇，也违背科学。后来的事故遭遇倾向论则认为事故的发生不仅与个人因素有关，而且还与生产条件有关，是对事故频发倾向论的修正。

海因里希事故因果连锁理论认为，通过防止人的不安全行为、消除机械的或物质的不安全状态，中断事故连锁进程，便能够避免事故的发生。这些理论较之事故频发倾向论有了明显的进步，能够较为客观地解释导致事故发生的外在原因，即事故发生的客观条件问题；但对事故发生的内在原因，并没有做出明确的解释。

1. 能量意外释放论

由吉布森（Gibson）和哈登（Haddon）所提出的能量意外释放论认为，事故的根本致害物就是各种能量或有害物质（见图 1-1），如机械能可能导致撞击伤、夹伤等机械伤害，电能可能会干扰神经或电击伤亡等，化学能可能导致火灾爆炸等，而一些工作场所高浓度粉尘，轻则可致尘肺病，重则可能发生爆炸伤人。

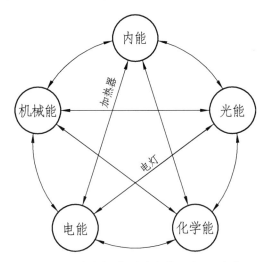

图 1-1　生产经营活动中常见能量形式

能量意外释放论认为，是否会发生事故的外部条件在于能量或有害物质是否失去控制而意外释放。在正常情况下，只要能量在有效控制下按需释放，就能够发挥应有的作用而不会引发事故，如核能发电，电能驱动电机做功、电灯发光，辐射能通过特定通道辐射透视等，都发挥了其应有作用。只有当限制能量的约束失效或被破坏造成能量或有害物质失去控制而意外释放时，才会导致事故发生。因此，事故发生的实质就是能量或有害物质失去控制而意外释放所致。如果这些失控的能量或有害物质直接作用于人、物、环境等敏感的实体之上就意味着事故的发生（见图 1-2），否则，就属于未遂事故。能量意外释放论从能量流转的角度，既指出了事故发生的外部条件，也揭示了事故发生的内在机理，较之其他事故致因理论更为科学、合理，受到了业界一致认可和广泛推崇。

图 1-2　能量释放导致事故逻辑图

这里需要说明的是，屏障泛指所有能够防控能量或有害物质失控的一切措施、手段等，其中包含硬件性质的物理性防范屏障，但更多的是指抽象意义上各种形式的防控措施。

按照能量意外释放论观点，事故根本致因物是各种能量或有害物质，那么，能量或有害物质究竟是如何导致事故发生的呢？

2. 奶酪模型理论

为探求能量或有害物质究竟是如何失控的,其失控而引发事故的机理到底是什么,下面通过"瑞士奶酪模型"对事故发生的原因做进一步分析。瑞士奶酪模型(见图1-3)是由英国曼彻斯特大学的心理学家詹姆士·瑞森(James Reason)教授所提出来的,因此也叫"瑞森(Reason)模型"。该理论认为,防范能量或有害物质意外释放的防范屏障并不是铁板一块,而是像瑞士的奶酪(有漏洞)一样,层层遮挡在危害因素之前,防范被穿透而意外释放,导致事故的发生。该理论进一步认为,每层奶酪上面随机分布着尺寸、位置不同的孔洞,这些孔洞的尺寸和位置在不断变动,当某一时刻所有屏障上的孔洞都位于一条直线上时,就形成了通路,这时所有的防范屏障也就失去了应有的防护作用,能量或有害物质就能够像光线一样穿透所有屏障而被意外释放,从而导致事故发生。如绝缘电线的绝缘包皮破损,其中的电流就可能会发生"短路"而引发事故。反之,危害因素就在这些"奶酪"屏障的遮挡下有序流动,到其需要的地方发挥应有的作用。

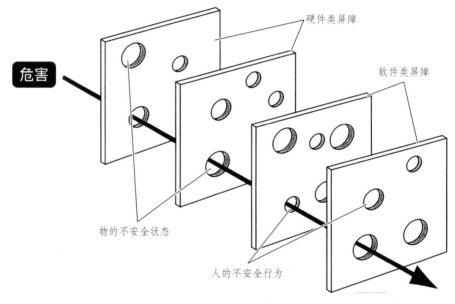

图 1-3　瑞士奶酪模型

另外,需要补充的是,奶酪模型中的这些"奶酪(防范屏障)",既有为防控事故发生而特意施加的屏障,如日常工作中的风险防控措施;也有无须特意施加而客观存在的自然屏障,如正常人趋利避害的风险意识、理智判断等。

现以行人过马路为例,说明奶酪模型的作用机理。马路上高速行驶的车辆具有很高的动能。为防止行人穿越马路时被高速行驶的机动车辆撞上而引发事故,每个路口都安装了红绿灯,并且安排交警、交通协管员在路口执勤,这些都是人为主观设置的防范屏障。除此之外,司机驾车通过路口时的谨慎驾驶、行人穿越马路时的小心理智等，都是确保行人穿越马路时不被机动车辆撞上的自然屏障。也正是这一道道屏障的作用，才使许多过马路的行人安然无恙。但这些屏障不是铁板一块，而是像奶酪一样有许多"孔洞"，也就是防范屏障的缺陷，当危害因素把所有屏障都一一击破时，就会导致事故的发生。某市曾发生过这样一起交通事故：某日一行人因故心事重重，在过马路时，不但误闯了红灯，而且在闯红灯过马路时由于心不在焉，没有注意观察到来往车辆情况，同时，该路口也没有交警与协管员执勤。这样"红绿灯""执勤管理"以及"行人理智"这几道屏障就都失去了应有的作用。与此同时，驾车通过红绿灯路口的这位司机又是个新手，看到这种突发状况，慌忙去踩刹车，误把油门踏板当成了刹车。这样"司机谨慎、机智"这道屏障也因其技术欠佳而失去了作用。这样，"红绿灯""执勤管理""行人理智""司机谨慎"等所有防范屏障都被一一突破而失去作用，使机动车辆高速行驶时的动能失控，其能量直接释放到这个行人的身上，就导致了交通惨剧的发生。

技能点 2：归纳事故发生的特点

事故的发生具有很多特点。下面根据前面所讲的能量意外释放论、奶酪模型理论等，对事故发生的普遍性、随机性、小概率性及可预防性等突出特点进行简要分析，并通过对事故特点的分析，探究传统安全管理在事故防控方面存在的问题。

1. 事故发生的普遍性

根据能量意外释放论，能量或有害物质是事故发生的内在根源，没有能量或有害物质就不会有事故的发生。当然，即使存在能量或有害物质，如果其防范屏障功能完好，能够正常发挥作用，那么，能量或有害物质就会在这些屏障的屏蔽下有序流通而不发生失控，也不会有事故的发生。但由于防范能量或有害物质失控的屏障存在各种各样的缺陷，某一时刻一旦所有屏障都失去效用，也即所有屏障全部被击穿，就意味着能量或有害物质失控，从而就会引起事故的发生。因此，只要存在能量或有害物质就有事故发生的可能。另外，能量或有害物质存在于日常生产经营的各个环节、各个领域，离开了能量或有害物质，正常的生产经营活动将不复存在，我们的日常生活也将难以为继。这就是说，我们的生产、生活离不开能量或有害物质。

综上所述，一方面，能量或有害物质是促使事故发生的源头所在，是事故发生的根源、内因；另一方面，能量或有害物质广泛存在于日常生产、生活中。毋庸说工厂、车间等生产经营单位，即使普通家庭，随处都有能量或有害物质存在，而只要有能量或有害物质的地方，就有事故发生的可能，这就决定了事故发生的普遍性。

由于事故发生的普遍性，各行各业随时随地都会有事故发生。但由于能量的大小、有害物质有害程度的高低决定着事故后果的严重程度，能量越大、有害物质的有害程度越高，事故后果就越严重；反之亦然。因此，一些高风险（高能量、高危害物质）行业，一旦发生事故就可能是大事故，就会引起社会的广泛关注。而一些低风险行业，即使发生了事故，但由于其后果轻微，也不会引起大家的注意。

2. 事故发生的随机性

正如奶酪模型所述，由于这些防范屏障并不是铁板一块，而是像瑞士奶酪那样自身都不同程度地存在着很多漏洞或缺陷，这些防范屏障可能会失去应有的防范作用。一旦这些防范屏障在某一时刻都失去了作用，就会造成这些能量或有害物质的意外释放，从而导致事故的发生。由于防范事故发生的屏障众多，形式多种多样，既有人为设置的屏障，也有自然存在的屏障。单就人为设置的屏障而言，其性质也各有不同，既有软件性质的屏障，如一些规章制度、操作规程、处置程序、安全注意事项等；也有硬件性质的屏障，如压力容器、毒性物质容器、机动车辆的安全带、安全气囊等。这些屏障彼此间相互独立，没有关联。单就一个硬件屏障而言，它何时失效我们不得而知，只能根据设计确定其寿命期，但即使在寿命期内也无法确保其一定有效。如有些车辆的安全气囊在发生碰撞事故时，并未打开发挥应有的保护作用；反之，即使硬件屏障超过了寿命期，也不会立即失效而不起作用。由此可见，单是一个硬件屏障能否发挥作用尚无法做出准确的预测或判断，更何况像管理方面的软件屏障，对它们有效与否的预测更是无从谈起。软件屏障能否发挥作用，既决定于当事人的心理素质、业务能力，也与其当时的身心状态、行为能力有直接关系，因而无从预测、判断。单一类型软件（或硬件）屏障能否发挥作用都无法研判，更何况危害因素的防范是软、硬件屏障组合在一起，要对它们什么时候同时会失效进行预测或判断更是无从谈起。因此，事故会在何时、何地发生，事故会发生在何人身上，一切皆不可预知，像掷骰子一样具有极大的随机性。

正是因为事故发生的随机性，为事故的发生蒙上了一层神秘的面纱。在日常工作生活中，我们会常见到这样一种现象：有些人屡次违章作业并没有发生过较大的事故，而另外一些人可能第一次违章就会引起事故发生。这就使人们产生了一种错误认识，事故的发生神秘而蹊跷，并非违章等人为原因所致，而在于当事人是否"运气"好。

3. 事故发生的小概率性

虽然能量或有害物质普遍存在，但我们发现在日常工作、生活中，事故既不是到处发生、随处可见，也并非此起彼伏、接二连三。这是因为事故防范屏障发挥着重要作用。为了防范事故的发生，每一种能量或有害物质都会有人为设置及自然存在的一系列防范屏障在发挥着防范作用。正如前文所述，为防止路口人车混行而导致交通事故的发生，在十字路口设置了红绿灯、交通警察、交通协管员等。除此之外，还有自然存在的一些内在防范屏障，如行人过马路时的谨慎、理智，汽车驾驶员在通过路口时的小心谨慎，以及正常人趋利避害的本能、安全意识等，都构成了防范交通事故发生的屏障，它们对有效防止事故发生发挥着非常重要的防范作用。

正如奶酪模型所示的那样，由于存在着一系列事故防范屏障，可能只要其中一处的屏障发挥作用，就能够有效防范事故的发生。因此，每一种能量或有害物质都存在大量的或人为设置或自然存在的防范屏障，虽然这些屏障都存在这样或那样的漏洞而可能失去屏蔽防范作用，但由于它们同时都失去作用的概率并不高，也即能量或有害物质发生失控的概率并不高，更何况即便发生能量或有害物质的失控，还可能会因其受体不敏感而成为未遂事故。这就是为什么虽然事故的发生具有普遍性，但实际上事故发生的概率并不是很高的原因所在。

如前所述，能量或有害物质是事故发生的源头，人的不安全行为、物的不安全状态构成了事故防范屏障的漏洞。大量资料统计表明，事故的发生与人的不安全行为或物的不安全状态相比，是一个小概率事件。

试想，如果事故的发生不是人的不安全行为或物的不安全状态所引发的小概率事件，而是只要出现不安全动作或状态就会发生事故而受到惩罚，人们一定会在安全生产方面严肃认真、小心谨慎。相反，正是因为人的不安全行为引发事故发生是小概率事件，致使一些岗位员工对自己的不安全行为不以为然，心存侥幸、碰运气、走捷径，常把别人的事故当故事听。同样，正是由于物的不安全状态引发事故发生是小概率事件，致使一些领导干部不舍得在安全生产方面进行投入，对诸如隐患治理等不够重视，始终抱着"赌一把、碰运气"的侥幸心理。

4. 事故的可预防性

如前所述，鉴于事故发生的随机性，一起具体的事故会在何时、何地发生，会发生在何人身上，并不可知，就像掷骰子一样具有极大的随机性。但这绝非意味着我们对事故的发生无能为力、听之任之。相反，虽然某件具体事故的发生，有很强的随机性，不可预知，但对事故的集合体而言，又具有规律性和必然性，是可预可防的。

海因里希事故"金字塔"统计学模型（见图 1-4）表明，1 起死亡或重伤事故的背后，会有 29 起轻伤害事故发生；而 29 起轻伤害事故背后，会伴随有 300 起未遂事故、事件发生，而这些未遂事故、事件的发生又是建立在大量人的不安全行为和物的不安全状态基础之上的。这就意味着，人的不安全行为、物的不安全状态持续发生到一定程度，就必然会伴随有人员伤亡事故的发生，不安全行为或不安全状态发生的次数越多，事故出现的次数也就越多。因此，安全管理越松懈、基础越薄弱，事故就发生得越多，虽然短期内这种现象可能不甚明显，但长期而言必然如此。这是通过大量统计数据所得出的客观规律。

图 1-4　事故金字塔模型

从事故金字塔模型可以看出，事故的发生具有规律性。虽然发生在事故金字塔顶端的那起伤亡事故，会在何时、何处发生，可能发生在何人身上，我们无法预知，但是，如果人的不安全行为、物的不安全状态持续发生而不加以控制，就必然会导致人员伤亡事故的发生，因此，要避免事故的发生，就要做到人的行为安全，同时消除物的不安全状态，以避免金字塔顶端的那起伤亡事故的发生。

事实上，虽然具体某件事故的发生无法预测，但每起事故的发生都是可防可控的。能量意外释放论告诉我们，任何事故的发生都是能量失去控制而意外释放所致，如果我们管理到位，能够使某种能量到其应到的地方，而不意外释放，就能够避免该种能量因意外释放而导致事故的发生。实际上，这样去做不仅在理论上是可行的，实际上也是现实的。首先，辨识出可能会发生失控而意外释放的能量；然后，为防止该类型能量意外释放而设置相应的防范屏障。当然，为了使所设置屏障发挥作用还必须确保屏障的有效性，这样就能够有效防止该类型能量所导致的事故的发生。同理，如果所有可能导致事故发生的能量或有害物质都能够得以有效辨识，并有针对性地设置相应的防范屏障，就能够有效防控各类事故的发生。

子任务 2　整合事故致因模型

事实上，有关事故致因方面的理论虽然很多，但都有一定的局限，为此，中国石油天然气集团公司胡月亭高工结合实际工作，在深入研究、探讨的基础上，在其专著《安全风险预防与控制》中，构建了"能量意外释放论 + 奶酪模型理论"相结合的事故致因模型，并以此分析其与事故致因因素的整体联系，探究把其应用于风险管理工作中去，指导事故防控工作的方法与途径。

技能点 1：论证"能量意外释放论 + 奶酪模型"的科学性

能量意外释放论作为事故致因理论，奶酪模型作为事故致因模型，两者在解释事故致因方面虽有许多相同之处，也各具特点，但同时也都存在一些缺陷或问题。如把两者结合起来，则可以优势互补，并能够有效解决各自存在的问题

1. 两者各自在解释事故致因方面存在的问题

能量意外释放论虽然是一种科学的事故致因理论，但也有自己的应用范围，不可能包罗万象。如，它只是对于因固有能量或有害物质的失控做出了解释，而对那些通过化学反应等途径，后来产生的能量或有害物质所导致的事故，以及像尖锐物品刺伤等一些特殊情形，则不宜通过能量意外释放论做出合理解释。另外，能量意外释放论也没有对能量为什么会意外释放给出科学合理的解释。

在奶酪模型方面，奶酪模型中穿透层层"奶酪片"而导致事故的应该是能量，而绝非其他方面的物质，奶酪模型将其定义为危害因素（Hazard）。危害因素（Hazard）是指可能导致人员伤害或疾病、财产损失等情况或这些情况组合的要素，包括根源、行为和状态。由此可见，危害因素（Hazard）的定义比较宽泛，外延很广，它既包括

根源，即能量或有害物质，也包括不安全的行为和状态。行为和状态不会像能量或有害物质那样，穿透层层"奶酪片"而导致事故发生，只能在事故发生过程中起到"诱导"能量或有害物质失控的作用。因此，奶酪模型采用危害因素（Hazard）穿透层层"奶酪片"而导致事故的说法是有缺陷的。

2. 事故致因模型："能量意外释放论 + 奶酪模型"

"能量意外释放论 + 奶酪模型"事故致因模型，不仅能很好地诠释事故发生的内因与外因，还能够成功解决能量意外释放论与奶酪模型面临的上述诸多问题，同时，还拓展了模型应用领域，更为重要的是，它能够成功地应用到事故防控的实践工作之中，有效指导事故预防工作。

首先，能量意外释放论解释了事故发生的内因。通过能量意外释放论能够说明事故发生的根源、源头等内在因素问题。事故发生的根源就在于能量或有害物质的存在，能量或有害物质的失控导致了事故发生，能量或有害物质是导致事故发生的"罪魁祸首"。

其次，奶酪模型理论说明了事故发生的外因。奶酪模型理论则能够解释能量意外释放的原因等外在因素问题。因为防止能量意外释放所设置的屏障并不是完美无缺的，而是像"瑞士奶酪"那样，不同程度地存在着这样、那样的缺陷或漏洞。如果屏蔽某一能量或有害物质的所有屏障在某一时刻同时失去作用，就会导致该能量或有害物质失控，进而造成事故发生。

最后，"能量意外释放论 + 奶酪模型"事故致因模型，有效解决了能量意外释放论与奶酪模型理论所不能解决的问题。奶酪模型中，认为危害因素（Hazard）穿透层层"奶酪片"而导致事故是不确切的。因为其中的不安全行为和状态是不会像能量或有害物质那样，穿透层层"奶酪片"而导致事故发生。在"能量意外释放论 + 奶酪模型"事故致因模型中，就把穿透层层"奶酪片"物质定义为能量或有害物质，而非不安全的行为和状态，就有效解决了这个问题。

关于能量为什么会意外释放的问题，"能量意外释放论 + 奶酪模型"事故致因模型也给出了合理的解释。因为用于防止能量意外释放所设置的屏障，就像"瑞士奶酪"那样，都不同程度地存在着这样或那样的缺陷或漏洞。由于屏障存在缺陷或漏洞，它就有无法发挥作用的可能，当所有屏障都失去作用时，能量就会失控而意外释放，从而导致事故的发生。因此，通过"能量意外释放论 + 奶酪模型"事故致因模型，对能量为什么会意外释放给出了十分科学合理的解释。总之，通过"能量意外释放论 + 奶酪模型"事故致因模型，不仅说明了事故发生的内在因素——能量或有害物质的存在，而且也解释了事故发生的外部原因——存在缺陷或漏洞，措施无法发挥作用，进而导致能量或有害物质失控，从而能够科学合理地解释事故的致因机理。

技能点 2：探究构建事故致因模型的意义

"能量意外释放论 + 奶酪模型"事故致因模型，不仅解决了事故发生的内、外因问题，使事故致因理论更为科学合理，同时还能够拓展模型应用领域，使之用于对几乎所有类型的事故发生机理进行解释，更为重要的是，它能够应用到事故防控的实践工作之中，指导做好事故的预防工作。

1. 拓展了模型应用领域

能量意外释放论中所指的能量、有害物质，主要是指一些固有能量或有害物质，如高温、高压、高处重物的势能、高速行驶车辆的动能、农药制药装置中高毒性单体等这些固有能量或有害物质，如果管理失控，就会因意外释放而导致事故发生。另一类是系统原先并不存在引发事故的能量，但由于某种物质的加入，与其中原来存在的物质发生了化学反应，产生了导致事故的新能量。如：氧气在管道高速流动时遇油脂就会发生爆燃；某种油井除垢剂与油井污垢中某种成分反应生成硫化氢等。此类情况设置屏障不是为了防止固有能量或有害物质的意外释放，而是为了防止一种物质进入与另一已存在物质发生反应，产生新能量或有害物质，或者说设置屏障是要把能够发生反应产生新能量或有害物质进行分离。

2. 指导事故防控工作

由"能量意外释放论＋奶酪模型"事故致因模型可知，能量或有害物质是导致所有事故发生的"元凶"。因此，为防止能量或有害物质失控而导致事故发生，首先必须把可能导致事故发生的能量或有害物质找出来，然后再根据所要防控的能量或有害物质的性质，设置相应的防控屏障，有的放矢地予以防控。目前，除处于资本原始积累阶段（起步阶段）的极个别企业外，国有企业以及绝大多数民营企业，都能够查找出本企业所可能具有的能量或有害物质，并设置相应的防控屏障予以防控。如：相对完好的设备设施、安全附件、个人防护设备（PPE）等硬件性屏障，以及较为完善的安全管理规章制度、操作规程、安全措施等软件性屏障。

那么，为什么这些企业还会时有事故发生？究其原因，就在于这些硬件性屏障与软件性屏障在屏蔽能量或有害物质时出了问题。由该模型可知，无论软件性屏障还是硬件性屏障，都不是致密的"铁板"一块，而是存在着各种各样的漏洞、缺陷。也正是由于这些漏洞、缺陷的存在，这些屏障不能有效发挥作用。由于屏障自身存在问题，要使所设置的屏障发挥应有作用，就必须查找出其上的漏洞、缺陷，然后针对屏障上存在的漏洞、缺陷，采取针对性的措施，修补这些漏洞、缺陷。

因此，要做好事故预防工作，在开展风险管理工作时，辨识危害因素不仅要辨识出能量、有害物质之类的源头类危害因素，进而有的放矢地设置相应的防控屏障，以防控能量、有害物质的意外释放；同时还要辨识出所设置的防控屏障上的漏洞，以便采取相应的措施弥补或缩小这些漏洞，使所设置的防控屏障真正发挥其应有的作用。其中，辨识防控屏障上的漏洞，并采取措施修补这些漏洞，从而使屏障发挥风险防控作用，就是该模型的突出贡献。由于该模型抓住了事故防控中普遍存在的问题，对于有效提升事故预防效果起到了十分重要的作用。

任务 2　解读安全风险管理与隐患排查治理

安全生产管理的方式有多种，既有基于事故后原因分析的传统安全管理，也有基于法律、法规的合规性管理，还有基于标准的标准化管理，更有基于风险的前瞻性预防，即风险管理。其中，基于风险的风险管理是迄今为止最为先进、科学的安全管理方式，已为理论和实践所证实。为做好风险管理工作，首先应对风险管理相关名词术语有一个正确的认识。

子任务 1　辨析危害因素的概念和类型划分

目前，随着风险管理的引入，有关危害因素的名词、概念，中西夹杂，相互交叉、重叠，严重影响了风险管理工作的健康开展。对危害因素的辨识是风险管理工作的前提和基础，但相关概念五花八门，以致人们搞不清楚究竟哪些才是需要辨识的危害因素。危害因素辨识在风险管理工作中的作用至关重要，通过风险管理防控事故的发生，就必须对与危害因素相关的名词、术语有一个正确的认识。

技能点 1：解读隐患的内涵

与安全生产有关系的隐患称为"事故隐患"，一般也称为"隐患"。《现代劳动关系词典》把"事故隐患"定义为：企业的设备、设施、厂房、环境等方面存在的能够造成人身伤害的各种潜在的危险因素。2008 年，国家安监总局颁布的《安全生产事故隐患排查治理暂行规定》，对"事故隐患"进行了重新定义：生产经营单位违反安全生产法律、法规、规章、标准、规程和安全生产管理制度的规定，或者因其他因素在生产经营活动中存在可能导致事故发生的物的危险状态、人的不安全行为和管理上的缺陷。

综上所述，"隐患"一词最初的含义就是隐藏的祸患，安全生产领域所指的"隐患"，并非隐藏的祸患，而是指人的不安全行为、物的不安全状态，或管理上的缺陷。之所以把人的不安全行为、物的不安全状态，或管理上的缺陷称为"隐患"，是因为"隐"字体现了潜藏、隐蔽，"患"即祸患、不好的状况，无论是人的不安全行为，还是物的不安全状态，都是导致事故发生的小概率事件，相对于事故而言，它们都是藏而不露、不易为人们所重视的祸患。

事实上，由前述的事故致因模型可知，能量或有害物质是导致事故发生的根源，是事故发生的内因，而防护屏障上的漏洞则是导致能量或有害物质失控的诱因，是引发事故的外因。因此，要有效防止事故的发生，首先，必须查找出诸如能量、有害物质等源头类物质，设置相应防护屏障，防止失控的发生；其次，必须找到屏障上的孔洞，并采取相应措施，弥补或堵塞其漏洞，从而有效防止事故的发生。

技能点 2：解读危害因素的内涵和外延

在风险管理中，危害因素是最重要的概念，要做好风险管理工作必须正确理解、准确把握危害因素及其相关概念，如危害因素与隐患的关系等。

危害因素是英文 Hazard 一词的汉译，也译作危险源。《职业健康安全管理体系要求及使用指南》（GB/T 45001——2020）中，把其定义为：可能导致伤害和健康损害的来源。危害因素一般可分为两类：一类是能量或有害物质，像快速行驶车辆具有的动能、高处重物具有的势能，以及声、光、电能等各类可能导致事故发生的能量或有害物质等，它们是导致事故的根源，是事故发生的内因；另一类是包括人的不安全行为或物的不安全状态以及监管缺陷等，也即危害因素定义中的不安全的状态、行为等。这类危害因素是致使约束能量或有害物质失效的因素，它们本身不具有能量或有害物质那样的威力，而是诱导能量或有害物质失控，从而造成事故发生，它们是导致事故发生的外因。例如，煤气罐中的煤气就是能量或有害物质之类的根源类危害因素，它的失控可能会导致火灾、爆炸或煤气中毒；煤气罐的罐体及其附件的缺陷（物的不安全状态）、使用者的违章操作（人的不安全行为）等则是行为和状态类危害因素，是防护煤气泄漏屏障上所存在的漏洞，也就是导致煤气泄漏的隐患，正是这些漏洞导致了煤气罐中的煤气失控泄漏而引发事故。

危害因素最突出特点就是客观存在，无论是根源、源头类的危害因素，还是行为、状态类危害因素，都是客观存在的，都可以通过危害因素的辨识，发现、找到它们，进而采取相应措施进行防控，并最终达到事故预防的目的。譬如，电能就是属于能量或有害物质之类的源头类危害因素，把它辨识出来之后，或加装绝缘保护层（如室内各种电线）进行保护，或将其高架空中（如野外高压输电线路），以防其漏电造成事故发生。但由于建造质量问题或检查维护失当等，室内电线的绝缘保护层可能会发生破损，野外高架电线可能会坠落地面等，这些情况就是屏蔽电能的绝缘保护层或高架手段等约束出现了失效情况，它们都属于状态类危害因素。

上面所举事例为能量与物的不安全状态方面的情况，当然还有有害物质、人的不安全行为等方面的情况，如行人过马路闯红灯就是行为类危害因素。无论是能量或有害物质，还是人的不安全行为或物的不安全状态等，它们都属于危害因素范畴。只要是危害因素，就具有客观存在的特点，就能够被辨识出来；同时也只有把它们辨识出来，才能够视情况采取相应的措施，从而有效防止由此引发的事故。

技能点 3：辨析隐患与危害因素的关系

隐患其实是危害因素的一种形式。那么，危害因素是否就是隐患？它们之间究竟有什么关系？首先，隐患属于行为、状态类危害因素范畴。根据"隐患"定义可知，隐患是指生产经营单位违反安全生产法律、法规、规章、标准、规程和安全生产管理制度的规定，或者因其他因素在生产经营活动中存在可能导致事故发生的物的危险状态、人的不安全行为和管理上的缺陷。其一，隐患定义中"生产经营活动中存在可能导致事故发生的物的危险状态、人的不安全行为和管理上的缺陷"。由危害因素的定义可知，危害因素既包括能量或有害物质之类的根源类危害因素，也包括人的不安全行为或物的不安全状态以及监管缺陷等行为、状态类危害因素。其中，人的不安全行为或物的不安全状态以及监管缺陷等行为、状态类危害因素，恰与隐患定义相吻合，因此，（事故）隐患就是危害因素中的行为、状态类危害因素，也即，危害因素包括隐患，隐患是危害因素中的一种类型，表现为防止能量或有害物质失控的屏障上的缺陷或漏洞，它是诱发能量或有害物质失控的外部因素，是事故发生的外因。其二，隐患定义中"违反安全生产法律、法规、规章、标准、规程和安全生产管理制度的规定"，该定义所指的危害因素是行为、状态类危害因素。因为根源类危害因素表现为各种能量或有害物质，它们本身不会违反相关规定，而只有对它们的管理不当，如出现人的不安全行为或物的不安全状态，才会违反相关规定，而对它们的管理不当及其造成的问题就是行为、状态类危害因素。其三，因为凡是隐患都违反了相关规定或要求，所以只要是隐患就已经达到了需要管控的标准，无须再进行风险评估，都可以直接对其进行管控——隐患治理，凡是隐患都需要进行治理、整改，因此，隐患是一种无须评估即可直接进行管控的危害因素。

其次，隐患是行为、状态类危害因素中的"现实型"危害因素。在行为、状态类危害因素中，按照其存在的状态，可把行为、状态类危害因素分为"现实型"危害因素（the actual hazard）与"潜在型"危害因素（the potential hazard）两种类型。如：在活动、项目开始前，进行危害因素辨识时所辨识出的危害因素，就属于"潜在型"危害因素。如：采用螺栓固定的部件，可能会出现螺帽的松动、脱落，这就是辨识出的"潜在型"危害因素。通过对辨识出"潜在型"危害因素的风险评估，视情况采取相应的预防措施，如针对螺帽的松动、脱落，对螺栓采取加强检查维护等措施，就能够防止因此而导致的事故发生。与之相反，在已开始的活动、项目中，出现了螺栓的松动或脱落，则属于已经客观存在的"现实型"危害因素，也就是所谓的"隐患"，隐患就是"潜在型"危害因素没有得到有效控制的结果，这是已经客观存在的物的不安全状态，当然"现实型"危害因素也可以是人的不安全行为或管理上的缺陷。

由于"现实型"危害因素是"潜在型"危害因素失控的结果，其较之"潜在型"危害因素，距离引发事故就更近一步，从这个意义上讲，如果系统内危害因素都处于潜在状态，说明事故预防工作得力，该系统应是比较安全的；反之，如果大多数"潜在型"危害因素没有得到有效控制而转化为"现实型"危害因素——隐患，则表明该系统风险程度大为增加，或已濒于将要发生事故的危险阶段。2016 年，国务院安委会《标本兼治遏制重特大事故工作指南》（安委办〔2016〕3 号）要求，"把安全风险管控挺在隐患前面，把隐患排查治理挺在事故前面"，就体现了这种风险管理的思路（见图 1-5）。

由上述分析可知，危害因素是个大概念，它是包括隐患在内的可能导致人身伤害或健康损害的根源、状态或行为，或其组合。从大的范围而言，隐患就属于第二类（行为、状态类）危害因素范畴，在行为、状态类危害因素中，如果按照其存在状态进一步细分为"潜在型"与"现实型"，那么，隐患就是行为、状态类危害因素中"潜在型"危害因素失控所形成的"现实型"危害因素（见图 1-6）。总之，隐患就是危害因素中的一种类型，危害因素包括隐患，它完全能够把隐患囊括在内。

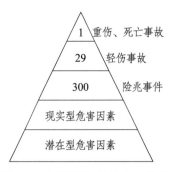

图 1-5　拓展后的事故金字塔模型

图 1-6　隐患与危害因素关系图

技能点 4：梳理整合危害因素相关概念

实际上，除隐患、危害因素外，在日常安全生产管理工作中，还常常遇到像危险因素、有害因素、危险有害因素、危险源、风险源、不安全因素等诸多名词、术语，这些名词、术语或出自政府主管部门文件、行业标准规范，或是日常工作中的约定俗成，或是来自西方文献汉语翻译等。由于出处不同，造成类似内容相近的名词术语很多、很杂、很乱，给安全管理工作带来了诸多不便，严重影响着对危害因素辨识工作。此类的概念、术语，对于一线员工及绝大多数非专业人士，要弄清它们之间的区别与联系，一则不太容易，二则也无太大实际意义。引入这些概念的目的，无非就是为了把它们辨识出来，因为把这些不良因素辨识出来，才能够视情况加以防控，并最终达到防控事故的目的，因此，有必要对这些纷乱复杂的名词术语进行分析、梳理，并在此基础上进行整合处理。

由能量意外释放论可知，事故的发生是由能量失控造成，无论它们是危险因素、有害因素、危险源、风险源、（事故）隐患，还是不安全因素等，不管其称谓如何，相互之间有什么区别，它们所具有的共性就是，都属于可能导致事故发生的负面、不良因素。不管它们属于不安全的根源类，还是行为、状态类，要防止事故的发生，首要的就是把它们辨识出来，只有这样，才能视情况决定是否防控以及如何防控。通过比对分析可以看出，在这些概念中，既有表示源头、根源类的，如危险因素、有害因素等；也有表示行为、状态类的，如隐患、不安全因素等；还有既可表示源头、根源类，也能表示行为、状态类的，如危害因素、危险源。因为危害因素可理解为危险因素、有害因素的简称，危害因素包含了隐患。又因为危害因素、危险源都是 hazard 一词的汉语翻译，其含义相同，且外延较大，既包括根源也包括状态，这两个词汇可以通用，因此，可以用"危害因素"或"危险源"取代上述诸多名词。

把危险因素、有害因素、危险源、（事故）隐患以及不安全因素等合并称为危害因素或危险源，就解决了众多容易混淆的概念、名词问题，为危害因素（危险源）辨识扫清了障碍。在此基础上，就可以动员全员去辨识生产经营活动中可能存在的各种类型的危害因素（危险源），然后由相关人员进行分析评判，并视评判结果决定是否需要防控以及如何防控等，从而达到关口前移、事前预防的目的。

技能点 5：划分危险源类型

事实上，危害因素之所以会导致事故的发生，就其实质而言，其根源就在于能量或有害物质的存在，能量或有害物质的失控是导致事故发生的根本原因，这就是能量意外释放论的主要内容。至于能量或有害物质为什么会失控，奶酪型给出了合理的解释。

东北大学的陈宝智教授根据这些危害因素的这种性质特点，分别把它们命名为第一类危险源与第二类危险源，第一类危险源就是各种能量或有害物质，也就是根源类危害因素，第二类危险源则是指导致约束、限制能量措施（屏障）失效或破坏的各种不安全因素，也即为防控能量或有害物质意外释放所设置的防范屏障上的缺陷或漏洞，也就是行为或状态类危害因素。

所谓第一类危险源就是指能量意外释放论里所说的能量或有害物质。一般地，能量或是维持生产经营活动的必需，如作为动力源的电能，或是生产经营活动中所加工、处理的工作对象，如发电厂产出的电能；而有害物质则是指伴随生产经营活动的进行而产生物质，如一些工厂车间生产过程中所产生的粉尘、噪声，化工厂生产时伴随产生的一些毒副产品等。由于此类能量或有害物质是客观存在的，不以人的主观意志为转移，要么不能消除，要么无法消除，因此，管控此类危害因素的办法就是，在把它们辨识出来的基础上，设置相应的防范屏障，加以屏蔽，防止其意外失控，从而避免事故的发生。由于这类危害因素是事故发生的源头性的危害因素，也即它们是事故发生的根源、源泉或源头，因此，把此类危害因素称为第一类危险源。

另一种危害因素就是第二类危险源，是指导致约束、限制能量的措施失效或破坏的各种不安全因素，也即为防止第一类危险源失控而导致事故的发生所施加的防范屏障上的各种漏洞或缺陷，它既包括人的不安全行为，也包括物的不安全状态，以及监督不到位、管理缺陷等，这也就是事故隐患。与第一类危险源不同，此类危害因素是由人为因素所造成。无论是人的不安全行为、物的不安全状态，还是环境不良、管理缺陷等，都可以归结为人为因素，归根结底都是由于管理上的原因所造成的，如人的不安全行为的出现，要么是由于培训不到位，不知如何正确去做，要么是安全意识淡薄，想偷懒走捷径，明知故犯。而所有这些问题，都是可以或通过强化理念、技能培训，或通过加强监督、管理加以解决，因此，影响防范屏障正常发挥作用的漏洞或缺陷，都是主观、人为因素所致，是可以通过强化安全监督管理加以弥补和改进的。该类危害因素原本并不存在，因为要防止能量或有害物质等第一类危险源的失控，而设置相应的防护屏障，所设置的屏障上的漏洞，就是该类危害因素。该类危害因素是伴随防护屏障的产生而产生的，是在对第一类危险源防控过程中产生的衍生品，因此，把它们称作第二类危险源（事故隐患）。

把"两类危害因素"重新命名为第一类危险源与第二类危险源，能够从其名称中说明它们之间的相互关系从而更有利于做好风险管理工作。第一类危险源在前，第二类危险源在后，在辨识出了第一类危险源之后，通过评估，对需要防控的第一类危险源，制定出防控措施（屏障），潜在型危害因素便伴随其中。因此，应在措施（屏障）出台后、实施前，辨识其中可能存在的潜在型危害因素，进而采取相应对策进行弥补，从而使防控措施（屏障）真正发挥其风险防控作用。当然，对于连续性控制措施（屏障），如硬件措施（屏障），不仅要在其出台后、实施前进行辨识，而且在其存续期间都要进行辨识第二类危险源，以确保措施（屏障）持续有效发挥作用。

总之，对"两类危害因素"重新命名，解决了第二类危险源不好辨识的难题，为做好风险管理工作奠定了基础，不仅能够从源头上避免了"隐患"的产生，而且对于提升防控措施质量、确保措施的落地实施，从而有效提升事故防控效果，都具有十分重要的现实意义。

子任务 2　辨析风险管理术语

技能点 1：解读风险的概念

"风险"一词在我国由来已久，在远古时期，以打鱼捕捞为生的渔民，深深地体会到"风"给他们带来的无法预测无法确定的危险，他们认识到，在出海捕捞打鱼的生活中，"风"即意味着"险"，这大概就是"风险"一词的最初由来。

在风险管理理论中，风险被定义为"不确定性对目标的影响"，它强调了风险表现的不确定性，说明风险产生的结果可能带来损失、获利或是无损失也无获利（如经济、金融类风险）。风险的这种不确定性是风险的一个重要特点，这种不确定性包括发生与否的不确定、发生时间的不确定和导致结果的不确定等。

安全风险被定义为"某一特定危害事件发生的可能性和后果的组合"。安全风险强调的是损失的不确定性，其中包括事故发生与否的不确定、发生时间的不确定和导致结果的不确定等。无论是事件发生的可能性还是所发生事件后果的严重性，都是人们在其发生之前做出的主观预测或判断，具有主观性。因为事件一旦发生，成为了现实，就成了确定性的东西，自然就不再是风险了。由于安全风险是指"危害事件发生的可能性和后果严重程度的组合"，也即事故发生可能性与后果严重程度之乘积。因此，一般而言，如果某一危害因素导致事故发生的可能性很大，或者这类事故一旦发生后果相当严重，那么，该危害因素的风险程度可能就会很高，反之亦然。例如：如果是小罐煤气或者在人烟稀少的偏僻之处使用（失控泄漏的后果有限），同时，如果从罐体及其附件的检查维护到对使用者的培训监管都很规范、到位（失控泄漏的可能性小），那么，其具有的风险程度就很低。相反，如果是大罐煤气且在繁华闹市区使用（失控泄漏的后果严重），同时，如果对其检查维护及使用者培训监管等都形同虚设（失控泄漏的可能性大），那么，其具有的风险程度就会很高。

风险的另一个重要特点就是其主观性。不同的人士对风险的看法可能各不相同，除了当事人对风险的态度是偏好还是风险厌恶外，还与当事人立场、自身承受能力等方方面面的因素有关。如一个项目投资 100 万元，成功了收益翻番，但失败了可能就本金全损，且成功与失败的概率占比各半，那么，这项投资对于手中只有 100 万元的人来说，风险就很大，绝对不可接受；相反，对于亿万家产的人而言，则是小事一桩，不会把它视为不可接受的高风险。还有，不同时期或不同的环境、条件，也会有截然不同的风险标准，如和平年代以人为本，我们要确保每一位公民不受到伤害，更遑论人的死亡，但如果国家到了生死存亡的危难时期，一场保家卫国的战争将决定民族的生死存亡，这时牺牲生命则是难以避免的。实际上，每个国家都有基于其自身发展阶段的人员死亡风险的承受底线，针对个人风险，一般发达国家把 $10^{-3}/a$ 定为可接受的底线，相反，欠发达国家对该项指标的要求就要更宽一些。

技能点 2：分析危害因素、隐患与风险的关系

如前所述，危害因素与风险，一个是客观存在，一个是主观评价，虽然两者截然不同，但无论国内还是国外，常常可以看到对危害因素与风险不加区别，都以风险统称。在某些情况下，可能无碍大局，但要真正做好风险防控管理工作，必须理清两者的区别与联系，否则，不利于正确开展风险管理活动，会给人们带来不必要的困扰甚至陷入管理上的误区。

另外，鉴于风险管控与隐患排查这种双重预防机制，也需要进一步梳理隐患与风险之间的关系。

1. 危害因素与风险的关系

风险与危害因素既有明显的区别，也有着密切的联系，下面将分别加以阐述。

（1）危害因素与风险的显著区别。

风险与危害因素最大的区别就在于，危害因素是不以人的意志转移的客观存在，而风险则是人们对危害因素导致事故发生的可能性及其后果严重程度的主观评价。因此，对于危害因素而言，关键在于能否发现、找到它，因为只有找到它，才能有的放矢地对其进行防控，所以要发动全员参与危害因素的辨识；相反，风险是对事故发生可能性及其后果严重性的主观评价，需要尽可能客观、公正地评价其危险程度，以便决定是否防控及如何防控，因此，对于风险的评价并不需要全员参与，而是要求有一定经验、训练有素的专业人士进行客观、公正的评价。

危害因素与风险，一个为客观存在，一个是主观判断，差别之大，一目了然。寓言故事"小马过河"（见图 1-7）就很好地反映了危害因素（客观存在）与风险（主观判断）的关系：小马赶路时被一条小河拦住了去路，小马能过去吗？老牛说河水很浅没关系，小松鼠却说水很深不能过。老牛与松鼠对能否过河从各自角度给出了截然不同的评判，这也就反映出了风险具有主观性。在该例中，"河水"就是客观存在的"危害因素"，不管你是否发现，它都在那里，而"河水对过河者的影响"则是通过主观判断得出的"风险"程度，"河水"对老牛而言风险很低，但对小松鼠却是致命的。

图 1-7　小马过河：危害因素与风险

（2）危害因素与风险的密切联系。

虽然危害因素与风险不同，但两者又有着密不可分的相互联系。风险是对危害因素危险程度的评价，是基于对危害因素评价的基础上而建立起来的概念，只要是危害因素都具有风险，只是程度不同而已。实际上，风险与危害因素之间的关系，一定程度上可理解为主体与属性之间的关系，其中，危害因素是主体，风险则是附属于危害因素这个主体的一种属性，就如同水与水温、水与水深的关系。水温或水深都是水的属性，没有水就无所谓水温与水深。也正是由于危害因素与风险这种密不可分的关系，人们往往把两者混淆在一起，如所谓的风险辨识实质上是危害因素辨识，因为危害因素是客观存在能够辨识，而风险是主观评价无法辨识。

总之，一定要正确理解风险与危害因素概念，准确把握风险与危害因素之间的区别与联系，口语表达时风险、危害因素与隐患可以相互替代、彼此不分，但专业人员必须对此有清楚的认识，决不能用风险代替危害因素或隐患，也不能对此模棱两可、含糊其辞，否则，就会陷入认识上的误区，更遑论通过风险管理去进行事故预防。

（3）风险指标的决定因素。

在上述水与水温、水深的关系中，如果水温正常或水深很浅，即便是有水存在，也可能不构成常规所言的风险，或者说，水的风险程度就会很低。但是，水温很高或水深很深，其风险程度也未必就一定很高。因为风险的高低由两个因素决定：事件发生的可能性与后果严重程度。后果严重程度取决于危害因素自身所具有的能量大小或有害物质含量的高低（如水温的高低或水深的深浅），此外，后果严重程度还与能量或有害物质所处周边环境等有关（如前例中煤气罐的使用地点）。至于发生的可能性，一般取决于外界对其干预（管理）的程度，如果管理到位，使得能量或有害物质几乎没有失控的可能，那么，即使危害因素具有的能量再大，其风险程度也未必很高。如，虽然水温很高或水深很深，但由于管理到位，高水温并不会失控而影响人与物（包括财产、环境），或者人们根本不去接触那么深的水域，那么其风险就很低。相反，即便是危害因素具有的能量并不太大，但如果管理不到位，失控时有发生，其风险程度也会很高。例如，目前机动车交通事故造成的伤亡人数居各类事故之首，而乘坐飞机却十分安全，就反映了这一现象。据统计，乘坐飞机的风险是乘坐机动车风险的 1/2200，其实，与机动车行驶相比，飞机飞行具有的能量要高得多，因为它不仅有比机动车高得多的动能（速度快），还有机动车所没有的更高的势能（在万米高空飞行）。为什么会出现如此反差？原因就在于外界干预的差别。由于飞机飞行比机动车行驶具有的能量高得多，一旦发生事故后果不堪设想，因此，从飞机的设计、制造，到日常的运行、维护，都极其规范、严格。相反，机动车则走向了另一个极端，也正是因为管理的差别，使得飞机飞行发生能量失控（飞机失事）的可能性，要比机动车能量失控（发生交通事故）的可能性更低。这就是管理在安全生产中所起到的作用，因此，存在能量或有害物质不可怕，可怕的是监管不到位，只要管理规范、监督到位，不使能量或有害物质失控，就能够避免事故的发生。

2. 隐患与风险之间的相互关系

如前所述，隐患是危害因素的一部分，因此，隐患与危害因素一样，都是可能导致事故发生的客观存在，要预防事故发生，必须把它们辨识（排查）出来。隐患是衍生类危害因素，也就是防控屏障上的缺陷、漏洞。风险则是判定这些客观存在所具有危险程度的主观评价，因此，风险与隐患之间的关系，就是主观评价与客观存在的关系。其与危害因素与风险的关系一样，无需赘述。

需要指出的是，一方面，隐患是第二类危险源，但凡发现的隐患无需评估，都应进行管控（隐患治理）；另一方面，如果发现隐患的数量较多时，隐患也与第一类危险源一样，也应通过风险评估，决定如何对其进行管控。通过对隐患的风险评估，对其所具有风险程度的高低进行排序，以便根据其风险程度进行分级防控，合理分配资源与时间，进行科学治理，以防亟待整治的隐患没有得到及时治理，或需投入多的隐患因投入不足而治理不到位等情况的发生。

技能点 3：风险评价及风险分级

1. 风险评价

风险的典型特征就是其发生的不确定性，这种不确定性可能表现为成本或代价的不确定性，如安全风险。

安全风险是事故发生的概率与事故后果严重程度的函数，具体而言，就是事故发生的概率与事故后果严重程度的乘积。其一般数学表达式为：

$$R = P \cdot C$$

式中：R——风险的数值度量；

P——风险事件发生的概率；

C——风险事件发生造成的损失。

其中，第一类危险源决定了事故后果的严重程度，也就是说第一类危险源具有的能量或有害物质越多，其失控或造成的后果严重程度就会越严重，当然，还要受到当时的环境等情况的影响；第二类危险源（隐患）决定了事故发生的可能性，也即，防控屏障上的漏洞越多、越大，屏障数量越少，其导致事故发生的可能性就越大。第一类危险源决定了事故后果的严重程度，第二类危险源（隐患）决定了事故发生的可能性，两者共同决定了该危害因素所具有的风险程度的高低、大小。

如前所述，风险是危害因素具有的属性，风险评估主要是评估第一类危险源所具有的风险程度，以便决定是否对其防控以及如何防控，这就是风险评估的作用。第二类危险源（隐患）一般无需评估可直接进行防控（隐患治理），如果要评估第二类危险源的风险，也必须结合其所防护的第一类危险源，根据其所具有的后果严重程度进行评估，否则，单是第二类危险源（隐患），风险就无从谈起。

2. 风险分级

风险分级是指通过采用风险评价方法对危险源（或风险点）存在的风险进行定量或定性评价，根据评价结果得出的风险值对照分级判定标准划分等级，进而实现分级管控。

我们知道每种风险评价方法都自带风险分级标准，只要完成风险评价工作，风险分级就很明晰了。

值得注意的是：一个风险点可能存在多个危险源，每个危险源的风险等级可能不同，对风险点的风险分级应按照该风险点所包含的所有危险源最大风险级别进行定级。

安全风险管理是通过风险评估，根据风险程度的高低决定是否对其进行管理，以及如何对其进行管理，风险分级的目的是更好地做好安全风险管理工作。

安全风险管理最关键的几个步骤是辨识、评估与控制，要有效进行事故防控，就要全面、系统、彻底地开展危害因素辨识，把所有可能存在的危害因素都找出来。因此，在危害因素辨识阶段，会有大量的危害因素被辨识出来，对这些危害因素都进行防控是不现实的，同时也是不必要的。因为有很多危害因素，其导致事故发生可能性低或事故的后果轻微，或两者都不高，即风险程度很低，能够被接受，也就不需要进行专项的防控。通过风险评估，可以把大量的风险程度很低的危害因素过滤出去，筛选出那些需要进行防控的危害因素。即使对那些需要进行防控的危害因素，也应按其风险程度的高低进行分级管理；否则，可能就会陷于不分主次、胡子眉毛一把抓的混乱境地。

要有效进行风险管理，就应根据风险程度的高低分配相应的人、财、物力资源，只有这样才能够物尽其用，科学合理地对风险进行有效管理，从而达到有效防控事故的目的。不同等级的风险，由于其发生的频率或后果严重程度各不相同，对于那些风险程度高的风险，就要动用大量人、财、物力，通过加大风险防控力度严防死守，降低此类事故发生的概率；同时，还要做好紧急情况下的事故应急，一旦发生紧急情况，应能够在第一时间，采取紧急应对措施，遏制事态进一步恶化，把事故的后果降到最低。相反，一些风险程度低的小风险，需要管控的力度不大，故不需要投入多少人、财、物力。因此，重大风险一般由企业层面进行管理，而那些风险程度低的小风险，一般基层组织就能够对其进行管理。因此，通过风险分级能够把不同等级的风险，落实到具有管控能力的各个层级，就能够使其得以妥善管理。

总之，要做好风险管理工作，必须根据风险严重程度，对其进行科学、合理的分级，实施风险分级管理。

技能点 4：解读安全风险管理

虽然"风险"一词在我国由来已久，但今天所实施的风险管理，却是由西方引入的一种现代管理模式。由于中西社会、文化背景的不同，加之个人理解上的差异，风险管理从基本概念到管理模式、管理流程、方式方法等方面，可谓是"仁者见仁、智者见智"。譬如，一些教科书把风险管理中最核心的辨识、评估与控制环节，解释为你中有我、我中有你的相互嵌套关系；还有一些教科书则反其道而行之，把三者的关系解释为相互独立、彼此对等。虽然目前很多书籍都在介绍风险管理，但由于上述诸多问题的存在，影响了风险管理的落地、实施，难以把风险管理应用于事故防控工作。

事实上，风险管理，就是对风险的管理。风险意味着不确定性，因此，风险管理就是对不确定性的管理。"管理"一词一般被定义为由计划、组织、指挥、协调及控制等职能为要素组成的活动过程，因此，风险管理可被定义为针对不确定性所采取的由计划、组织、指挥、协调及控制等职能为要素组成的活动过程。

风险管理的核心内容包括危害因素辨识、风险评估以及风险的防控等，具体而言，进行风险管理就是在一项工作（活动）开始之前，首先通过对该项工作（活动）中人、机、料、法、环各个方面（环节）的危害因素进行辨识，辨识出工作（活动）中可能存在的各种类型的危害因素；在此基础上，对所辨识出的危害因素进行分析评价，从中筛选出需要防控的危害因素；然后，把筛选出需要防控的危害因素，结合实际并根据轻重缓急，制定出相应的风险防控措施并予以落实，最终达到事故防控的目的。由此可以看出，危害因素辨识、风险评估以及风险防控，有着很强的逻辑关系，三者相互顺序决不能颠倒，既非相互嵌套，更非彼此孤立，而是环环相扣的递进关系。上一步工作是下一步工作的前提，为做好下一步工作奠定基础；下一步工作必须建立在上一步工作的基础之上，没有上一步工作，下一步工作就无从谈起。当然，这些只是风险管理的关键环节，除此之外，还要有前期的准备，对各阶段的评审，实施过程的监控，以及结束后的总结回顾等。

另外，要真正做好风险管理工作，还要根据风险管理的原则，构建风险管理体系，通过管理体系的有效运行，把风险管理流程各环节工作做实、做好，从而真正能够达到通过风险管理防控事故的发生。风险管理就是有其原则、体系与流程所组成的三大基石所支撑。

技能点 5：解读风险分级管控

1. 风险分级管控

一般来说，安全风险分级管控是对第一类危险源存在的风险进行评价，并在评价的基础上开展分级管控。

根据有关文件及标准，安全风险定为"红、橙、黄、蓝"四级（红色级最高）。鉴于当前企业普遍采用的风险评价方法多采用 5 级划分的原则，依据可能导致后果的严重程度，并考虑管控方便，依次用红色、橙色、黄色和蓝色（Ⅳ、Ⅴ级风险）表示。

其中：

红色级风险（一级风险）：重大风险；

橙色级风险（二级风险）：较大风险；

黄色级风险（三级风险）：一般风险；

蓝色级风险（四级风险）：低风险。

企业的第一类危险源的风险不论是一级、二级或是三级，实施风管控措施后，其现实风险降为低风险（四级）时可以接受。但企业现实风险如果为重大风险（一级）、较大风险（二级）或一般风险（三级），说明该风险点的管控措施是不足的或是失效的，必须立即采取管控措施消除或减弱其风险程度。

风险分级管控是指根据各风险点风险评价的结果，按照风险不同等级、所需管控资源、管控能力、管控措施复杂及难易程度等因素，而确定不同管控层级的风险管控方式。如公司级，应管控全公司的一级安全风险点；分厂级应管控该分厂一、二级安全风险点；工段级应管控该工段一、二、三级安全风险点；班组级应管控该班组一、二、三、四级安全风险点。各级应针对管控对象和范围，确定风险点管控的责任人。

企业管控的级别，不一定必须与风险级别（分为四级）一致。有些小微企业，人员很少，管理层次也简单，可视具体情况分为三级管控。如岗位级、班组级、公司级。

2. 风险管控的原则

风险越大，管控级别越高；上级负责管控的风险，下级必须负责管控，并逐级落实具体措施。

子任务 3 洞察风险管理与双重预防机制的关系

国务院安委会《标本兼治遏制重特大事故工作指南》《关于实施遏制重特大事故工作指南构建双重预防机制的意见》明确指出，"把安全风险管控挺在隐患前面，把隐患排查治理挺在事故前面，扎实构建事故应急救援最后一道防线"，这一论述引发大家热议。如何把握其精神实质？风险管控、隐患排查治理与事故应急之间究竟是什么关系？如何理解风险管理与隐患排查治理之间的关系？

技能点 1：解析双重预防机制之预防、控制与应急

双重预防机制的核心内容就是，"把安全风险管控挺在隐患前面，把隐患排查治理挺在事故前面，扎实构建事故应急救援最后一道防线"，下面分别从预防、控制与应急几个方面，对其进行分析、解读。

1. 预防——"把风险管控挺在隐患前面"

所谓预防是指预先做好事物发展过程中可能出现偏离主观预期轨道或客观普遍规律的应对措施。安全生产的预防则是指为了防止不期待事件的发生预先所采取的相关举措。

安全风险管理就是为预防危害因素可能导致事故的不确定性所展开的一系列管理工作，安全风险管理核心步骤主要包括辨识、评估、控制与评审等。另外，为了使风险管理真正发挥作用，应在措施出台后、实施前，通过评审对上述各阶段的工作质量进行把关，使各个环节的工作都能够做好、做到位。其中，对措施质量的评审，实质上就是辨识"潜在型"危害因素，也就是查找产生隐患的根源。例如，通过评审及其改进工作，使将要出台的"管理型"防控措施变得更加简单易行、通俗易懂，同时通过强化培训，使有关人员清楚明白，并视情况对不易落实的措施加强监管等，所出台的"管理型"措施，就能够达到规范人的作业行为的目的，自然也就根除了此类活动人的不安全行为（隐患）产生的根源。

案例：新开通的两条马路的十字交叉路口，为防止交通事故的发生，通过风险管理工作，辨识出第一类危险源——机动车辆的动能，为防止其失控造成交通事故，设置相应防控屏障——红绿灯（此例中无论"红绿灯"还是"交通规则"都是非常成熟的措施，故无需再行评审）。但要使其真正发挥规范交通秩序、确保交通安全的作用，必须确保红绿灯能够正常工作，同时，还应使行人、车辆能够按照交通规则通行。为此，一是要做好红绿灯维护工作，确保其正常工作，二是要对行人、司机加强交通安全教育与管理，使行人、车辆能够按照交通规则通行，不闯红灯，这样就能够确保路口的交通安全。

风险管理之所以能够做到事前预防，就是因为通过风险管理，能够发现危害因素并采取相应措施，对其进行控制。对需要管控的第一类危险源（能量或有害物质）设置相应屏障，同时，对所设置屏障的漏洞、缺陷进行辨识与控制，使它们处于"潜在"状态，从而保证防控屏障的有效性，就能够有效防止事故的发生。因为如果系统内的衍生类危害因素都能够始终维持在"潜在"状态，防护屏障就能够有效发挥作用，该系统就没有发生事故之虞，这时的系统就处于"绝对"安全状态。如，在上例中，虽然红绿灯有出故障的可能，但通过做好红绿灯维护工作，使其一直能够正常工作；虽然行人、车辆有闯红灯的可能，但通过对行人、司机加强交通安全教育与管理，使他们都不闯红灯，这样就消除了交通路口发生交通事故的可能性。

由此可见，要使风险管理有效发挥作用，在辨识出需要防控的第一类危险源并设置屏障进行防控之后，就是要辨识出屏障上的漏洞——衍生类危害因素，并对其进行

预防性控制，从而使它们始终都处于潜在状态，那么，该系统就没有发生事故的可能。反之，如果对衍生类危害因素的预防性控制工作不力，使其失控而成为现实型危害因素——隐患，这时系统就处于"相对"安全状态，也即，虽然事故还未发生，但已处于即将发生事故的边缘，事故随时都可能发生。

综上所述，如果风险管理的预防性工作不得力，潜在型危害因素就会失控成为现实型危害因素——隐患，这时系统就濒于事故发生的边缘，反之，如果通过风险管理工作，实现对危害因素的预防性控制，使它们始终维持在"潜在"状态，这样就不会有发生事故的可能，这就是"把风险管控挺在隐患前面"的道理。

2. 控制——"把隐患排查治理挺在事故前面"

所谓控制就是不使目标对象任意活动或超出一定范围，或使其按控制者的意愿活动，如果预防阶段出现了问题，潜在型危害因素失控变成了现实型危害因素——隐患。如果这种情况成为普遍现象，就意味着防控屏障失去了作用，事故可能随时发生。在这种情况下，要有效遏制事故的发生，就必须使隐患及时得到识别并控制，使其重新回到"潜在"状态，以防其持续失控而导致事故的发生，本阶段工作是在前面预防工作之后展开，为事故防控的第二道防线。

如上所述，潜在型危害因素之所以成为现实型危害因素——隐患，是由于风险管理工作某个环节没有做到位而失去作用，使得第一道防线被突破，从而造成潜在型危害因素失去控制而成为现实型危害因素（隐患）。如果一个系统中大量潜在型危害因素都失控成为现实型危害因素，则系统就处于危险状态，随时都可能有事故发生，为防止事故发生，必须采取果断措施，对现实型危害因素（隐患）进行控制，使其重新回到"潜在"状态，这个过程就称为隐患的排查与治理。实质上，它仍然是风险管理的过程，隐患的排查就是衍生类危害因素辨识，而对隐患的整治就是对风险的控制。由于隐患的排查与治理是在事故防控第一道屏障被突破之后所设置的第二道屏障，如果该道屏障再被突破，事故就会随时发生，故称之为"把隐患排查治理挺在事故之前"。

案例：在上例中，如果红绿灯设备质量低劣，或者检维修工作跟不上，路口虽有红绿灯，但不能正常工作，这就是硬件方面的隐患；或者，即使红绿灯正常工作，但如果行人过马路不看红绿灯或闯红灯，这就是软件（交通规则执行）方面的隐患，无论硬件方面的隐患还是软件方面的隐患，都是风险管理工作没有做到位的结果。由于风险管理工作没有做到位，使得潜在型危害因素失去了控制，变成了客观存在的现实型危害因素——隐患。在这种情况下，如果能够通过隐患排查与治理，及时发现这些隐患，并采取得力措施加以整改，如：在硬件方面，强化设备检维修，确保红绿灯正常工作；在软件方面，强化行人安全监管，采取现场监督或违章处罚等行之有效的手段，迫使行人、司机遵守交通规则，也即，系统中隐患得到有效治理，系统中现实型危害因素（隐患）又重新回到"潜在"状态，就能够确保交通安全，否则，就会造成交通混乱，这时事故随时可能发生，或者说已濒于事故发生的边缘，这就是"把隐患排查治理挺在事故之前"的道理。

3. 应急——"构建事故应急救援最后一道防线"

所谓应急管理是指为最大限度地降低事故损失，在紧急情况下或事故状态下，所进行的系列处置活动。应急管理为事故防控第三阶段，也是事故防控的最后一道防线。这是因为如果事故防控第二阶段工作仍然没有做好，也即，由于管理不善等各种原因，系统内充斥着隐患，这时的系统就处于濒于事故发生的危险阶段，事故随时都可能发生。在这种情况下，如果能够最大限度地做好应急管理工作，在事故即将发生之际，或事故的萌芽状态，甚至在事故发生的过程之中，通过应急管理，在第一时间内按照应急处置程序，妥善应对，或者借助外部专业救援力量，努力控制事态发展，就能够把事故后果降到最低。

实际上，绝大多数事故的应急管理工作可细分为两个阶段：第一个阶段，通过岗位员工应急技能的发挥，能够使发生在本岗位的紧急情况得以有效处置，从而化险为夷，达到小事化了的目的。如，发生火灾事故之初，刚发生易燃易爆物质泄漏或刚刚燃起小火，如果岗位员工能够在第一时间发现并进行有效处置，就能够避免火灾事故的发生。第二个阶段，如果岗位员工没能够对紧急状态进行有效处置，或事故业已失控，就应迅速启动应急预案，通过外部专业救援力量，如，立即拨打报警电话，消防队迅速赶到，就能够使事故得以有效遏制，进而把事故的后果降至最低。上述两个阶段通称为应急管理。

案例：在上例中，如果出现了软、硬件方面的隐患，即出现了人的不安全行为或物的不安全状态，如，红绿灯出现了问题，或者行人闯红灯成为普遍现象。在这种情况下，随时都有发生事故的可能，加之隐患排查治理不力，最终导致事故的发生。在这种情况下，如果应急管理工作能够到位，一旦事故发生，就能够得到妥善救助，如在易发生交通事故的十字路口附近设立急救站，一旦发生交通事故，伤者就能够立即得到有效救治。就像专业赛车手都有随队的队医那样，虽然随队的队医无助于防范赛车事故发生，但如果发生了赛车手受伤的事故，由于队医在场，能够迅速有效进行应急处置，就能够把其伤亡后果降至最低。

综上所述，要有效防止事故的发生，在辨识出第一类危险源并进行防控的基础上，首先，要把安全风险管控挺在隐患前面，或称把潜在型危害因素控制在隐患形成之前。通过风险管理工作，辨识出需要防控的危害因素，并采取针对性预防措施，使所有危害因素都始终处于"潜在"状态，防患于未然，系统就能够处于安全状态，这就是事故防控的第一道防线。其次，把隐患排查治理挺在事故前面，或称把隐患消灭在事故前面。万一上述某个风险管理环节出现了问题，使得潜在型危害因素失控成为了现实型危害因素——隐患，这时就应通过隐患排查与治理，及时发现并消除系统存在的隐患，使之重新回到安全状态，因此，隐患排查与治理又被称为事故防控的第二道防线。

上述工作被称为事故预防，能够有效防止事故的发生，这是上策。如果预防工作出现了问题，也即，第一、二道防线都被突破，事故预防工作失败，意味着事故可能就要发生，这时就要通过应急管理，把事故的后果降到最低。因此，在可能发生事故的情况下，应通过科学有效的应急管理，进行事中紧急处置，从而把可能的事故后果降至最低，防止次生事故发生。这是事故防控中的"最后一道防线"，因此应急管理又被称为"构建事故应急救援最后一道防线"。预防、控制和应急三者关系如图1-8所示。当然，尽管应急管理是针对事故预防失败的工作，但是否需要进行应急管理，主要应看其后果的严重程度，对于那些后果严重程度高，或者易于产生次生事故的风险都要通过应急管理，构筑最后一道防线，以便做到有备无患，把可能发生事故的事故后果降至最低。从这个意义上说，事故应急管理也并非下策，预防是降低事故发生的可能性，应急则是降低事故后果的严重程度，两者都是在降低风险程度。

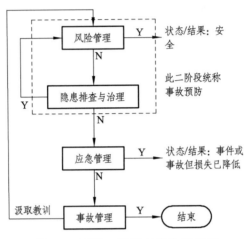

图 1-8 预防、控制与应急关系图

注：Y 为"做好"；N 为"未做或未做好"

技能点 2：解析风险管理与双重预防机制的关系

双重预防机制即风险管控（管理）与隐患排查治理，其中，风险管理是系统性管理，隐患排查治理则是缺陷性管理。实际上，风险管控就是风险管理，其本身就包括隐患排查治理，之所以把隐患排查治理单列出来，就是基于当今事故防控中的主要问题，重点强调对隐患的排查与治理。

1. 风险管理与隐患排查治理

由于能量或有害物质是事故发生的根源所在，为防控事故的发生，必须把其辨识出来并设置相应屏障进行防控，同时，由于防控屏障都不同程度存在着缺陷、漏洞，为使防控屏障有效发挥防控作用，还应对防控屏障上的缺陷、漏洞进行辨识与弥补。上述过程就是风险管理的全过程，其中，对防控屏障上的缺陷、漏洞进行辨识与弥补就是隐患的排查治理。由于危害因素包括隐患，风险管理就是对危害因素所具有风险的管理，因此，风险管理理所当然就包括对隐患的排查与治理。由此可见，风险管理是系统性管理，原则上，通过风险管理既能够解决"想不到"的问题，也能够解决"防不住"的问题，相对于系统性的风险管理，隐患排查治理则属于缺陷性管理，主要是解决防控屏障（措施）的缺陷性问题，也即针对防控屏障上的缺陷、漏洞进行辨识与弥补。

由于隐患就是衍生类危害因素中的"现实型"危害因素，也即防控屏障上的漏洞，对隐患的排查与治理也就是对防控屏障上漏洞辨识与弥补，因此，如果单纯依靠隐患排查治理，只是对现在所发现的第一类危险源（能量或有害物质）的防控，可能会因为某些能量或有害物质得不到辨识，从而导致防控屏障缺失而造成的"想不到"事故的发生。为有效遏制"想不到"事故的发生，需扩大危害因素辨识防控范围，可以引入风险管理，对各类危害因素进行全面、系统辨识，进而达到全面管控各类风险的目的。

如上所述，风险管理既包括对第一类危险源（如能量或有害物质）辨识与控制，也包括对第二类危险源（隐患）辨识与控制，因此，通过风险管理，能够实现对风险的全面防控，从而有效解决因辨识范围所限而造成的"想不到"的问题。在这种情况下，是否还需要隐患的排查与治理，或者说，相对于全面管控的风险管理而言，隐患的排查与治理是否显得多此一举？

事实上，纵观我国当今所发生的各类事故，固然有因对能量或有害物质没有辨识，缺乏必要的防控措施（屏障）所造成的"想不到"事故，但更多则是那些想得到但"管不住"之类的事故，也就是虽然辨识出了需要防控的能量或有害物质，也设置了相应的防控屏障，但由于防控屏障上的缺陷、漏洞，导致其形同虚设，失去了应有的屏蔽作用，从而造成事故的发生。因此，要有效防控事故的发生，全面辨识危害因素并设置相应的屏障固然重要，但更为重要的是使所设置屏障发挥作用，为此必须辨识并堵塞防控屏障上的漏洞，从而解决所谓"管不住"的问题，这正是隐患排查治理的主攻对象。由此可见，由于隐患是当今导致事故发生的主要矛盾，因此，隐患排查治理应该是当前事故预防工作中的重点工作。

为什么防控措施有效性差、问题多？或者说为什么所设置的防控屏障上的缺陷、漏洞太多？首先，由于一些人安全意识不强，对事故预防存在侥幸心理，在制定防控措施（设置屏障）时，不认真对待，敷衍了事，加之技术手段等方面问题，造成防控措施（屏障）质量不高，屏障出台时所带的缺陷、漏洞（隐患）就已很多，先天不足。其次，一些人对屏障上的这些缺陷、漏洞（隐患），如人的不安全行为或物的不安全状态等，熟视无睹，对现存的隐患排查治理不力，导致隐患的存量更大，从而造成因防控屏障（措施）效力太低，形同虚设，而导致事故高发。

2. 双重预防机制实施建议

基于上述原因分析，针对目前我国安全生产管理的现实情况，要有效防控事故的发生，建议在开展好系统性安全风险管理工作的同时，一方面，要通过技术手段——对屏障（措施）的评审，尽可能提升屏障（措施）质量，从源头上减少隐患的产生；另一方面，要通过强制性措施，对现存的隐患进行有效的排查与治理。

第一，通过科学的风险管理，解决因"想不到"而引发的问题。风险管理有三个关键环节，危害因素辨识、风险评估以及风险的削减与控制。首先，通过对危害因素的全面辨识，全面、系统、彻底地辨识人、机、料、法、环等各个方面所可能存在的各类危害因素，通过系统、科学的危害因素辨识，尽可能把客观存在的危害因素都辨识出来；其次，通过客观公正的风险评估，把需要管控的危害因素筛选出来，如果需要管控的危害因素数量较多时，还应根据风险程度高低进行分级，以便实施风险分级管理；最后，对需要管控的危害因素，视情况制定切实可行的风险防控措施，以达到有效管控危害因素的目的。总之，通过管理全面辨识与客观风险评估，为需要管控的危害因素设置适宜的防控屏障，从而能够达到全面风险管控的目的，有效解决因为"想不到"未加防控而引发事故的问题。

第二，通过风险管理策划阶段的评审、把关，有效提升风险管理工作质量，同时，也从源头上减少了隐患的产生。在风险管理策划阶段，通过评审工作，对辨识、评估、控制等环节工作质量把关，以尽可能做到危害因素的全面辨识、风险的公正评估以及措施的可行、有效，尤其是对控制措施（屏障）的评审，有效提升其质量，最大限度地从源头上减少隐患的产生。例如，在措施出台后、实施前，通过对措施的评审，查找出措施自身的缺陷和不足。如，针对"管理型"控制措施，在措施质量方面，评审措施是否行之有效，能否把风险降低到可接受的程度，是否会产生其他新风险等；在措施可操作性方面，措施是否通俗易懂、简单易行，员工对措施可能的接受情况等等。通过对措施的评审，认真把好措施自身质量关，才能够使得措施得到执行，从而最大限度地降低隐患（人的不安全行为）的出现。总之，风险管理策划阶段的评审、把关，切实提高风险管理工作的有效性，同时，也能够从源头上减少隐患的产生，从而使屏障有效发挥防控作用，达到风险管理的最终目的，这也就是"把安全风险管控挺在隐患前面"的道理。

第三，在上述工作的基础上，对于业已存在的隐患，采取专项措施——隐患排查与治理，以政府行政命令的方式，乃至司法介入的强制性手段，对现存隐患进行专项排查整治。如，一些地方政府提出，对于"重大隐患不整改视为事故进行追责处理"，还有人甚至提出"重大隐患不整改就入刑"的建议，强令存在隐患的企事业单位，真正重视对隐患的排查治理。这样通过消除"现实型"危害因素，也即，堵塞屏障上的这些缺陷、漏洞，就能够使防控屏障（措施）发挥应有作用，有效遏制因防控屏障（措施）无效、低效而导致的事故高发，这也就是"把隐患排查治理挺在事故前面"的道理。

需要指出的是，鉴于危害因素包括隐患，风险管理包含隐患排查治理，建议对于那些尚未实施风险管理的企业，应在开展隐患排查治理的基础上，通过建立风险管理体系，实施系统性的安全风险管理；对于业已建立了管理体系实施风险管理的企业应把隐患排查治理作为风险管理工作的一部分，把对隐患排查治理融入风险管理工作中去。否则，如果人为把隐患排查治理与风险管理割裂开来，设置两本台账，建立两套体系，会浪费大量的人力、财力、物力，更为严重的是，由于对同一类事物不当区分，将影响对它们的查找、辨识与管理，不仅会事倍功半，而且也可能会因处理不当而得不偿失。

当然，把对隐患排查治理融入风险管理工作中去，并非不进行或弱化隐患排查治理。隐患排查治理与风险管理相结合，要求风险管理活动应符合有关隐患排查治理的政策要求，该排查的隐患一定要得到排查，该治理的隐患必须予以治理。

总之，现阶段国家推出风险分级管控与隐患排查治理的双重预防机制，从横向防控范围上而言，能够通过风险管理解决"想不到"的问题，通过隐患排查治理解决"管不住"的问题；从纵向防控深度上而言，构建了双重预防机制，相当于设置了两道防火墙，进一步提升了事故防控效率，对于有效防控各类事故的发生具有很好的现实意义。

任务 3　阐述安全生产双重预防机制建设的提出和推行

构建"双重预防机制"就是强调安全生产的关口前移，从隐患排查治理前移到安全风险管控。要强化风险意识，分析事故发生的全链条，抓住关键环节采取预防措施，防范安全风险管控不到位变成事故隐患，防范隐患未及时被发现和治理演变成事故。

子任务 1　阐述双重预防机制建设的提出和法律规定

技能点 1：解读双重预防机制建设提出的背景和过程

我国用几十年的时间，走过了发达国家几百年走过的工业化历程。由于我国底子薄、基础差、人员素质比较低、科技支撑不强，安全生产事故一度多发频发。但从安全事故由升转降，我们只用了 20 多年的时间，特别是十八大以来，我国实现了事故总量、重（特）大事故双下降。但是，我国安全生产整体水平还不高，安全风险隐患仍然大量存在，突出表现在对风险和隐患认不清、想不到、管不好等方面。

2016 年 1 月，习近平总书记在中共中央政治局常务委员会议上提出："必须坚决遏制重特大事故频发势头，对易发重特大事故的行业领域采取风险分级管控、隐患排查治理双重预防性工作机制，推动安全生产关口前移，加强应急救援工作，最大限度减少人员伤亡和财产损失。"

习近平强调，重特大突发事件，不论是自然灾害还是责任事故，其中都不同程度存在主体责任不落实、隐患排查治理不彻底、法规标准不健全、安全监管执法不严格、监管体制机制不完善、安全基础薄弱、应急救援能力不强等问题。

习近平对加强安全生产工作提出 5 点要求。一是必须坚定不移保障安全发展，狠抓安全生产责任制落实。要强化"党政同责、一岗双责、失职追责"，坚持以人为本、以民为本。二是必须深化改革创新，加强和改进安全监管工作，强化开发区、工业园区、港区等功能区安全监管，举一反三，在标准制定、体制机制上认真考虑如何改革和完善。三是必须强化依法治理，用法治思维和法治手段解决安全生产问题，加快安全生产相关法律法规制定修订，加强安全生产监管执法，强化基层监管力量，着力提高安全生产法治化水平。四是必须坚决遏制重特大事故频发势头，对易发重特大事故的行业领域采取风险分级管控、隐患排查治理双重预防性工作机制，推动安全生产关口前移，加强应急救援工作，最大限度减少人员伤亡和财产损失。五是必须加强基础建设，提升安全保障能力，针对城市建设、危旧房屋、玻璃幕墙、渣土堆场、尾矿库、燃气管线、地下管廊等重点隐患和煤矿、非煤矿山、危化品、烟花爆竹、交通运输等重点行业以及游乐、"跨年夜"等大型群众性活动，坚决做好安全防范，特别是要严防踩踏事故发生。

李克强指出，当前安全生产形势依然严峻，务必高度重视，警钟长鸣。各地区各部门要坚持人民利益至上，牢固树立安全发展理念，以更大的努力、更有效的举措、更完善的制度，进一步落实企业主体责任、部门监管责任、党委和政府领导责任，扎实做好安全生产各项工作，强化重点行业领域安全治理，加快健全隐患排查治理体系、风险预防控制体系和社会共治体系，依法严惩安全生产领域失职渎职行为，坚决遏制重特大事故频发势头，确保人民群众生命财产安全。

2016年12月9日，《中共中央 国务院关于推进安全生产领域改革发展的意见》提出：企业要定期开展风险评估和危害辨识。针对高危工艺、设备、物品、场所和岗位，建立分级管控制度，制定落实安全操作规程。树立隐患就是事故的观念，建立健全隐患排查治理制度、重大隐患治理情况向负有安全生产监督管理职责的部门和企业职代会"双报告"制度，实行自查自改自报闭环管理。《国务院安委会办公室关于印发标本兼治遏制重特大事故工作指南的通知》（安委办〔2016〕3号）提出：着力构建安全风险分级管控和隐患排查治理双重预防性工作机制。《国务院安委会关于实施遏制重特大事故工作指南构建双重预防机制的意见》（安委办〔2016〕11号）提出：全面推行安全风险分级管控，进一步强化隐患排查治理，推进事故预防工作科学化、信息化、标准化，实现把风险控制在隐患形成之前，把隐患消灭在事故前面。

《中华人民共和国安全生产法》于2021年6月10日经修订重新公布，强调从源头上防范化解重大安全风险，将风险分级管控、隐患排查治理双重预防机制作为企业的主体责任，列入生产经营单位主要负责人的工作职责。

技能点2：解读企业双重预防机制建设的法律规定

《中华人民共和国安全生产法》中多项法条就双重预防机制建设提出具体规定：

第四条规定："生产经营单位必须遵守本法和其他有关安全生产的法律、法规，加强安全生产管理，建立健全全员安全生产责任制和安全生产规章制度，加大对安全生产资金、物资、技术、人员的投入保障力度，改善安全生产条件，加强安全生产标准化、信息化建设，构建安全风险分级管控和隐患排查治理双重预防机制，健全风险防范化解机制，提高安全生产水平，确保安全生产。"

第二十一条规定："生产经营单位的主要负责人对本单位安全生产工作负有下列职责：（五）组织建立并落实安全风险分级管控和隐患排查治理双重预防工作机制，督促、检查本单位的安全生产工作，及时消除生产安全事故隐患。"

第四十一条规定："生产经营单位应当建立安全风险分级管控制度，按照安全风险分级采取相应的管控措施。生产经营单位应当建立健全并落实生产安全事故隐患排查治理制度，采取技术、管理措施，及时发现并消除事故隐患。"

第一百零一条规定:"生产经营单位有下列行为之一的,责令限期改正,处十万元以下的罚款;逾期未改正的,责令停产停业整顿,并处十万元以上二十万元以下的罚款,对其直接负责的主管人员和其他直接责任人员处二万元以上五万元以下的罚款;构成犯罪的,依照刑法有关规定追究刑事责任:(四)未建立安全风险分级管控制度或者未按照安全风险分级采取相应管控措施的;(五)未建立事故隐患排查治理制度,或者重大事故隐患排查治理情况未按照规定报告的。"

技能点 3:解析双重预防机制建设的目的和意义

构建双重预防体系,目的是要实施安全生产风险分级防控和隐患排查治理的双重预防工作机制,是"基于风险"的过程安全管理理念的具体实践,是实现事故"纵深防御"和"关口前移"的有效手段。企业需要在政府引导下落实其主体责任,政府部门需要在企业落实主体责任的基础上开展督导、监管和执法工作,两者是上下承接关系。安全生产风险分级防控是预防事故的第一道防线,隐患排查治理是预防事故的末端治理。

首先,构建双重预防体系,是落实党中央、国务院关于建立风险管控和隐患排查治理预防机制的重大决策部署,是实现纵深防御、关口前移、源头治理的有效手段。

其次,构建双重预防体系是企业安全生产主体责任,是企业主要负责人的重要职责之一,是企业安全管理的重要内容,是企业自我约束、自我纠正、自我提高的预防事故发生的根本途径。

子任务 2　阐述双重预防机制建设思路

企业在发展期间,都存在很多的风险因素,如果难以对其中的问题进行科学的风险管控,那么就会导致企业在发展中遇到阻碍,甚至造成不可挽回的局面。由此可见,企业应当积极促进安全风险分级管控,做好隐患排查,进而创建双重预防的工作机制。

1. 建设的基本流程

安全风险分级管控和隐患排查治理双重预防机制是一套系统的、完善的体系,如何构建安全风险分级管控与隐患排查双重预防机制,首要的工作是明确基本流程,具体而言可以分为三部分。首先,要明确核心思想,以事前预防为主,事后管控为辅。要求加强危险源辨识与风险评估,尽可能在事故发生前管控风险,从而有效控制风险因素的影响。其次,要出台指导性文件,这是双重预防机制实施的重要指导,具体包括危险源辨识的基本方法、风险评价准则、风险分级指标体系与指标权重、制定风险管控措施的基本原则、隐患排查基本方法以及治理方案等。最后,设计双重预防机制实施方案,要求实施方案必须符合《中华人民共和国安全生产法》中的相关规定与上级部门的指示精神或者要求,同时实施方案必须具备可操作性,可以应用于企业生产实践。

2. 组织架构设计

安全风险分级管控和隐患排查双重预防机制的实施需要完善、合理的组织机构作为保障，因此，组织架构设计极为关键，为确保双重预防机制发挥理想效果，企业应高度重视组织架构设计。组织架构设计的基本思想：组织层级不宜过多，以免影响信息传递效率；组织机构不宜过多，避免相互推诿扯皮；应体现扁平化设计思想。综上所述，一般可设三层级的组织架构，首先，在企业层面成立领导小组，由企业领导人任组长，分管生产安全的领导任副组长，核心成员包括相关部门负责人以及专家团队，主要任务是负责统筹全局，制定双重预防机制实施方案以及相关纲领性文件；其次，在车间成立次一级领导小组，由车间领导任组长，主要成员包括各班组组长、技术员以及员工代表，主要任务是执行双重预防机制实施方案，汇总各班组执行情况；最后，在作业班组中由班组长与员工代表组成监督小组，负责监督双重预防机制实施方案的执行情况，并向上级部门及时汇报。

3. 制定实施方案

风险分级管控与隐患排查治理双重预防机制的实施方案是所有活动的纲领性文件，内容应当涵盖各个方面，包括危险源辨识、风险分级管控、重大危险源管理、应急预案、隐患排查治理、安全培训计划以及职业健康管理等。在方案设计上首先必须要符合国家相关规定与上级部门的要求，方案中不能出现与之矛盾的情况，这是双重预防机制实施方案设计的基本要求。其次，双重预防机制实施方案设计应当符合本企业的实际情况，具有可行性，为便于具体操作，方案中应明确各层级的工作重点。双重预防机制实施方案正式出台后，企业应及时组织各部门、各车间进行培训学习，确保企业自上而下均明确实施方案的核心精神与具体要求，从而保障双重预防机制的实施。

4. 明确风险评价准则

风险评价是风险分级管控与隐患排查治理双重预防机制的关键环节，在很大程度上决定了风险管理的实际效果，因此，必须明确风险评价准则。具体而言，风险评价准则应包括危险源辨识方法、风险评价方法、风险分级标准。关于危险源辨识方面，企业一般采用半定量分析、定量分析以及定性分析三种基本方法，基本上可以对生产过程中存在的危险源实现全面、精准辨识。关于风险评价方法方面，企业可以采用风险矩阵法、工作条件危险分析法、专家评审法、经验分析法、故障树分析法、安全检查表法、事件树分析法、工作危害分析法等多种评价方法，企业可以根据生产实践确定采用哪种方法。关于风险分级标准方面可以分为低、一般、较大、重大四级，同时建立起分级指标体系并确定指标权重，以便准确对风险进行分级，进而决定采用何种管控措施。完成风险评价后，企业应及时对危害因素、风险类型、风险等级以及风险管控措施进行公布，以便员工及时掌握相关情况，从而在生产实践中提高警惕，随时做好应对风险的准备。

5. 风险管控与隐患排查治理

明确风险等级后应及时制定针对性的管控措施，比如制度管控措施、监控措施、物理工程措施、自动控制措施以及应急处理措施等，对于低等级风险，一般多采用持续监控措施；对于一般等级风险，在持续监控的基础上，应快速制定控制措施；对于高等级风险应及时作出反应，控制风险并做好应急预案；对于特高等级风险应采取紧急措施，比如人员疏散、设备转移等。

隐患排查治理应分为七个环节，分别是排查记录、上报、治理、复核、评估、销号，隐患排查工作应贯穿生产全过程，一旦发现隐患要及时做好记录，包括位置、类型、原因等相关信息并及时上报。上级部门接到上报信息后，应及时制定治理方案，包括治理目标、方法、措施、物资、人员、时限以及其他要求；隐患治理完成后，相关部门应安排专人进行复核，对治理成效进行评估，若确认隐患已经消除，则上报上级部门做销号处理，若评估结果显示隐患治理成效不理想，则上报上级部门应重新制定治理方案，并重新进行复核、评估。需要注意的是，在制定隐患治理方案时，应根据隐患严重程度，制定相应的保障措施与应急处理措施，并明确责任单位与责任人，明确时限要求，以确保隐患得到及时、有效的处理，不至于演化为事故。

6. 双重预防机制信息化平台建设

建设双重预防机制信息化平台，使企业的双重预防机制管理实现标准化、制度化、规范化运行。在数据的分析、处理、收集等方面，信息化平台具备较高的辨识度和快捷的反应能力，实现了大数据管理。相比于传统的双重预防机制建设，信息化可以从以下 5 个方面对安全生产双重预防机制的效果进行提升。

（1）管理效能提升：通过岗位、角色和权限，定义员工的安全生产职责，将员工的安全生产职责通过网格化管理转化为员工的日常工作任务，解决岗位、班组、车间等基层作业单位的安全生产自我管理不足问题。

（2）专业能力提升：各级管理人员在系统实施过程中，安全生产专业能力得到不断提高。

（3）管理模式转变：各级业务单位由消极接受安全管理机构监管的被动模式，向积极管理自身安全生产的主动模式进行转变。

（4）精细化管理升级：安全生产管理由粗放式管理向精细化管理升级，体现在针对每一具体危险源（作业行为、作业活动、作业环境、设备设施等）的全方位、数字化管理。

（5）决策支持精准：统计分析数据为企业安全生产管理从定性化走向定量化提供了可能，人员的绩效考核，生产的预测预警和管理水平评估变得客观、真实，为安全生产的管理决策提供有力支持。

练习题

一、【名词解释】

1. 风险
2. 危险源
3. 风险评价
4. 隐患
5. 风险分级

二、【填空题】

1. 事故隐患的构成因素分为（   ）、（   ）、（   ）和（   ）。
2. 隐患分为两类：（   ）和（   ）。
3. 双重预防机制就是（   ）和（   ）。

三、【多选题】

1. 下面属于风险评价方法的是（   ）。
   A. 作业条件危险性分析法（LEC）　　B. 风险矩阵分析法（LS）
   C. 风险程度分析法（MES）　　　　　D. 工作危害分析法（JHA）
2. 相比于传统的双重预防机制建设，信息化可以从（   ）、决策支持精准等方面对安全生产双重预防机制的效果进行提升。
   A. 管理效能提升　　　　　　　　　B. 专业能力提升
   C. 管理模式转变　　　　　　　　　D. 精细化管理升级

四、【简答题】

1. 简述危害因素的内涵和外延。
2. 企业隐患排查的范围。
3. 隐患治理的流程有哪些？
4. 重大事故隐患治理方案应当包括哪些？
5. 双重预防机制的基本内涵是什么？
6. 简述能量意外释放论。
7. 简述奶酪模型。
8. 辨析隐患与危害因素的关系。
9. 简述第一类危险源和第二类危险源的划分方法。
10. 简述风险分级。

11. 简述安全风险管理。

12. 简述风险分级管控。

13. 在《中华人民共和国安全生产法》中，生产经营单位的主要负责人在双重预防机制建设方面的职责有哪些？

14. 双重预防机制建设的目的和意义。

15. 双重预防机制建设的基本流程。

五、【论述题】

1. 论述"能量意外释放论 + 奶酪模型"的科学性。

2. 分析危害因素与风险的关系。

3. 解析双重预防机制之预防、控制与应急。

4. 解析风险管理与双重预防机制的关系。

模块2 双重预防机制建设基础工作

　　双重预防机制是企业安全生产管理的核心，根据《中华人民共和国安全生产法》的规定，生产经营单位必须建立这一机制，旨在构建安全风险分级管控和隐患排查治理的双重保护。为了有效实施双重预防机制，企业应从建设组织机构、明确机构职责、编制实施方案、开展全员培训、制定管理制度、编制有关表单几个方面的基础工作入手建设双重预防机制。这些工作的完成都是为了提高企业的安全生产水平，保障员工的生命财产安全。

任务目标

☞　知识目标

1. 说明建设组织机构的作用。
2. 陈述双重预防机制建设每项工作的具体内容。
3. 描述培训对象、内容及方式。
4. 说明双重预防机制管理制度基本内容。
5. 陈述双重预防机制所需表单及内容。

☞　能力目标

1. 学会建立组织机构的方法。
2. 会设计制订实施方案。
3. 学会组织员工培训。
4. 学会制定双重预防机制管理制度。
5. 会编制双重预防机制所需表单。

☞　素质目标

1. 勇于探索，敢于创新，把自己的逻辑思维融入到学习中 。
2. 养成自我学习的习惯，发挥积极的学习态度，不断夯实学习基础。
3. 善于结合理论知识，应用到各类方案设计中。

任务 1　建设组织机构和编制实施方案

企业应建立双重预防机制组织机构，成立领导小组，主要负责人任组长，成员应包括分管负责人及各部门、各科室（车间）负责人，并明确各自职责，全面负责推进双重预防机制建设和运行工作。企业还应制定全员参与的双重预防机制建设的实施方案，明确工作目标、任务、实施和要求等，确保责任层层分解、过程全员参与，保证各项工作任务的实施。

子任务 1　明晰组织机构建设的一般方法

技能点 1：认识组织机构的概念和完善组织机构的作用

1. 组织机构的概念

组织机构是指组织发展、完善到一定程度，在其内部形成的结构严密、相对独立，并彼此传递或转换能量、物质和信息的系统。起源于人类的共同劳动，其任务是协调各种关系，有效地运用每个组织成员的才智，充分发挥组织系统的力量，达成团体的目标。

2. 完善组织机构对企业的好处

（1）战略目标规划和组织机构图的作用。

战略目标规划为企业指明发展方向，组织机构图是一个企业吸引人才的法宝，是企业负责人对未来三到五年的人力资源规划。如果一个企业的组织机构图不是三年以后的组织机构图，那么新进的人才就不能从当前的形势当中看到未来，企业也就不能吸引来人才。

（2）岗位责权书的作用。

企业有一份完整的职位责权书，企业员工才能清楚自己的职责，才会人人有事做，事事有人做。职位定位清晰，便于岗位价值评估和薪酬标准设计。

（3）生涯规划的作用。

建立企业员工职业生涯规划系统，为员工职业发展指点迷津，为员工前进注入动力。

（4）薪酬设计的作用。

薪酬的设计要有标准，岗位不同，设计的方式也不同。薪酬设计的原则有以下几点。

① 满足员工的计算心理；

② 薪酬的设计要有激励性；

③ 薪酬的合理性要体现多劳多得；

④ 薪酬发放合理，能提高企业竞争力。

（5）绩效考核的作用。

① 绩效考核是人员聘用的依据。实行科学的评价体系，对员工的工作、学习、成长、效率、培训、发展等进行全方位的定量和定性的考核，按照职位责权书的标准要求，决定员工的聘用与否。

② 绩效考核是人员职务升降的依据。考核的基本依据是职位责权书，对工作绩效符合该职务的要求的继续任用，对不具有升职条件的不予升职，如不符合职务要求应予以降免。

③ 绩效考核是人员培训的依据。通过绩效考核，可以准确地把握工作的薄弱环节，并可具体掌握员工本人的培训需要，从而制订切实可行和行之有效的培训计划。

④ 绩效考核是确定劳动报酬的依据。根据职位责权书及薪酬制度，通过绩效考核来确定薪酬。

⑤ 绩效考核是人员激励的手段。通过绩效考核，把员工聘用、职务升降、培训发展、劳动薪酬相结合，使得企业激励机制得到充分运用，有利于企业的健康发展，同时员工本人也能建立不断自我激励的心理模式。

⑥ 把绩效考核与未来发展相联系。无论是对企业还是员工个人，绩效考核都可以对现实工作做出适时和全面的评价，便于查找工作中的薄弱环节，便于发现与现实要求的差距，便于把握未来发展的方向和趋势，保持企业的持续发展和个人的不断进步。

技能点 2：学会组织结构建立和优化的方法

组织机构是基于组织目标达成的条件下按照组织原则和流程设计出来的，组织设计有三个关键词，即组织目标、设计原则和设计流程。下面就围绕这三个关键词来阐述组织机构的设计方法。

1. 组织目标

任何一家企业，一定是先有组织目标，后有组织机构。组织目标就是企业建立的初衷和存在的价值。比如：双重预防机制组织机构的目标是企业为实施双重预防机制的建立和运行工作，保证机制的建设的科学性和运行的有效性而设立的。为实现这个目标，必须要依靠不同的职业团队一起协作才能完成。所以必须搭建组织机构，来实现组织目标。不同的组织目标和不同的目标达成阶段，都有不同的组织机构和组织形式与之相匹配，才能确保目标顺利达成。离开组织目标的组织机构设计是没有任何现实意义的。

2. 设计原则

为建立一个完善的管理组织系统，在组织设计中必须遵循的一些基本原则。组织设计原则主要有以下七项。

（1）服务战略目标原则。

设计组织机构的根本目的是服务战略和促进组织目标的达成。企业战略和组织目标都是分阶段来实现的，因此只要设计出能够高效完成阶段组织目标的组织机构就是正确的组织体系。凡是与实现阶段组织目标无关的部门和岗位，则不应出现在组织机构之内，始终保持组织体系的精干和高效。

（2）统一指挥原则。

实行统一领导，分级管理，集权与分权相结合的方式。只有坚持集中统一领导下的分级管理，才能使各项决策有效实施，充分调动各部门的工作积极性。明确上下级关系，保持指挥链的有效畅通，切忌多头领导和越级指挥。

（3）专业化原则。

专业的人做专业的事。按照目标达成的要求和核心工作流程，进行职能部门的划分，按照职能部门对专业的要求，划分成不同的岗位，按照岗位的工作量计算，确定岗位编制数量。根据岗位数量来招聘相应的工作人员。

（4）分工协作原则。

在组织设计中，要明确部门间以及部门内部各岗位之间的协作关系与配合方法。在组织内部既有分工，又有合作，协调一致，才能发挥组织的整体功能，从而实现共同的组织目标。分工协作是提高劳动效率的基本手段，也是发挥团队潜能的有效方法。

（5）有效管理幅度与层级适应性原则。

在组织设计时，必须着重考虑组织运行中的有效性，即管理层次与管理幅度的问题。管理层次是指管理系统划分为多少等级，管理幅度是指一名上级主管人员直接管理的下级人数。管理层次决定组织的纵向结构，管理幅度则体现了组织的横向结构。显然，两者成反比关系，按层次和幅度的关系，可分为锥型结构和扁平结构。锥型结构的管理层次多而幅度小，扁平结构的层次少而幅度大，这两种结构各有利弊。锥型结构，其优点是管理严密，分工明确，上下级容易协调，其缺点是层次多，管理费用增加，信息沟通时间延长，不利于发挥下属人员的创造性。扁平结构则相反，由于层次少幅度大，其优点是管理费用较低，信息交流速度快，有利于发挥下级的主动性，其缺点为难以严密监督下级工作和上下级、同级协调工作量增多。在决定采用哪种结构时，应分析以下因素。

① 工作任务的相似程度：工作任务越相似，管理幅度越大，宜采用扁平结构，减少管理层次。反之，则宜采用锥形结构。

② 工作地点远近：员工的工作地点比较集中，可以加大管理幅度，采用扁平结构。反之，则采用锥形结构。

③ 下属人员水平：人员整体素质较差，思想水平较低，工作缺乏经验，应缩小管理幅度，加强对下属的管理与指导，宜采用锥形结构。若下属工作自觉性高，能力强，可采用扁平结构。

④ 工作任务需要协调的程度：如果部门之间的协调难度大，应减少管理幅度，采用锥形结构。反之，则可用扁平结构。

⑤ 信息沟通：信息沟通良好宜采用扁平结构，随着信息技术的发展，可以大大减少管理层次。因此，扁平结构越来越受到企业推崇。

（6）权责对等原则。

在管理实践中，有权无责和权大责小，容易产生瞎指挥和滥用权力的官僚主义。

有责无权和责大权小也会严重挫伤工作人员的积极性。因此，权责不匹配对组织的效能损害极大。在组织设计中，务必保持各个部门与岗位的责、权、利对等，有效防止责、权、利分离或失衡而破坏组织系统的效能。

（7）灵活性原则。

组织机构的确立并不是一成不变的，但也不是经常在变。它必须与组织的外部环境、发展要求和目标任务相适应。比如：企业自身或周边产生新的风险，产品结构调整，生产工艺的变化，企业分立或合并，安全生产法律法规、标准规范的重大调整，都会涉及到组织机构的调整和变动。

3. 设计流程

组织结构好比人的骨骼或房子的框架，要搭建一个成熟的组织体系，就必须从组织机构设计做起。组织机构设计的流程一般分为以下三步。

（1）设计部门职能结构。

在组织机构中，部门职能结构通常有以下三种。

① 直线职能制。

直线职能制，也叫生产区域制或直线参谋制。它是在直线制和职能制的基础上，取长补短，吸取这两种形式的优点而建立起来的。中小型企业多采用这种组织结构形式，总经理作为直线领导，按命令统一原则对各级组织行使指挥权，另一类是职能部门，按专业化原则，从事组织的各项职能管理工作。总经理在自己的职责范围内具有决策权和指挥权，并对企业工作负全部责任。职能部门则是总经理的参谋，不能对车间发号施令，只能进行业务指导。

其优点是保证了组织机构管理体系的集中统一，在总经理的领导下，充分发挥各职能部门的管理作用。缺点是职能部门之间的协作和配合性较差，职能部门的许多工作要直接向上层领导请示才能处理，加重了机构领导的工作负担，降低了工作效率。为了克服这些缺点，可以建立会议制度，以协调和沟通工作。

② 事业部制。

事业部制是一种高度集权下的分权管理体制。按照"集中决策，分散经营"的原则，将企业划分为若干事业群，每一个事业群建立自己的经营管理机构与队伍，分级管理，独立核算，自负盈亏。

它适用于规模庞大，品种繁多，技术复杂的大型企业。比如：公司按地区或按产品类别分成若干个事业部，按照区域分为华东、华南、华北、西南、东北、西北事业部等。

③ 矩阵制。

矩阵制组织是为了改进直线职能制横向联系差，缺乏弹性的缺点而形成的一种组织形式。它的特点表现在围绕某项专门任务成立跨职能部门的专门机构上。

例如：组成一个专门的项目小组从事新项目开发工作。比如：在双重预防机制体系构建、制度文件编写、全员培训、贯彻实施、检查反馈和改进提高各个不同阶段，由有关部门派人参加，力图做到条块结合，以协调有关部门的活动，保证任务的完成。

　　矩阵结构的优点是机动、灵活，可随项目的启动与结束而组织或解散，矩阵结构的缺点是项目负责人的责任大于权力，项目成员关系隶属原单位，临时组建管理起来相对困难。矩阵结构适用于一些重大攻关项目，公司可用来完成涉及面广、临时性、复杂性的重大项目或改革任务。

　　（2）设计职能部门。

　　按照公司的战略目标、阶段任务和发展规模确定职能部门结构后，开始设计职能部门。对于中小型企业而言，通常采用的是直线职能制组织结构，管理层级一般是决策层、管理层和执行层三级，管理幅度一般是 1～8 人。

　　设计职能部门一般按照确定基本职能，明确中心职能和职能分解这三个步骤来完成。

　　① 确定基本职能。

　　一般是按照国内外比较先进的同类机构作为参考，然后根据组织设计的有关变量因素（如：环境、战略、技术、规模、人员素质、生命周期等特点）加以调整，确定本机构应具备的基本职能。比如：企业双重预防机制组织机构的基本职能是编制双重预防实施方案、实施双重预防措施、检查实施效果和持续改进。

　　② 明确中心职能。

　　中心职能是直接为企业创造价值的职能板块，是组织机构赖以生存的职能板块。这个职能板块体现的是组织机构的核心价值，所以，无论在人力、物力和资源配置方面都会达到最大化。比如：企业双重预防机制组织机构的中心职能是实施双重预防措施。

　　③ 职能分解。

　　按照专业化原则进行职能分解，划分出能够支撑和完成职能任务的相应部门。比如：中小型企业实施双重预防措施职能一般由公司级、车间级、班组级和岗位级来完成。

　　（3）设计部门岗位。

　　岗位设计就是在一个部门内按照专业分工和核心工作流程设计出相应的工作岗位，然后根据工作量确定岗位编制人数。分为岗位设计、编制岗位责权书和确定岗位人数。

　　① 岗位设计。

　　每个部门都要承担一定的工作职能，要完成这些工作职能必须按照流程和不同专业配置岗位。企业可根据自身组织机构特点，建立"双重预防机制"建设领导机构。若企业规模较小，该机构可直接组织员工全员参与风险辨识评估、风险管控、隐患排查治理工作。若企业规模较大，可在"双重预防机制"建设领导机构基础上，根据部门、车间、班组、岗位或工艺过程再划分若干分支机构，各分支机构可组织员工开展其工作范围内的风险辨识评估、风险管控和隐患排查治理工作。

　　② 编制岗位责权书。

　　按照权、责、利对等的组织原则，每个岗位都要有相应对等而且非常明确的责、权、利，才能够有效开展工作。因此，需要对每个岗位编制岗位责权书，这是招聘、管理、考核、任用员工的基本依据，可以根据对应的模板和工作要求及组织结构进行编制。

③ 确定岗位人数。

每个岗位的重要程度和工作量都不一样，因此，每个岗位的人数编制也不一样。这要根据组织机构的阶段任务、规模大小、工作难易程度确定岗位人数。

最后总结一下，组织机构是基于组织目标达成的原则下，按照组织原则和流程设计出来的，组织设计要从组织目标、组织原则和设计流程这三个关键词着手。基于战略目标达成和组织原则下的组织设计，才能稳如磐石，基业常青。

子任务 2　成立双重预防机制建设领导小组及工作小组

技能点 1：明晰领导小组的必要性和基本职责

1. 成立领导小组和工作小组

企业应在现有安全管理组织架构基础上，根据自身情况专门或合署成立落实双重预防机制的责任部门，并以企业正式文件的形式予以明确机构和相关人员的工作职责。该部门牵头组织各部门分岗位、分工种全面开展危险源辨识和风险评估，并在企业内部逐步建立长效工作机制，企业应配备相应的专职人员具体落实各项工作。在企业自身技术力量或人员能力暂时不足的情况下，可聘请外部机构或专家帮助开展相关工作。

企业应以正式文件明确双重预防机制建设的组织机构，应成立领导小组，由主要负责人担任组长，成员包括分管负责人及各部门、各科室（车间）负责人。企业应以正式文件（可与成立组织机构文件合并下发）明确每个成员的职责，全面负责推进双重预防机制的建设和运行。领导小组负责建立双重预防机制体系，组织、监督、指导双重预防机制建设工作，协调解决建设过程中存在的问题和资源投入，对风险分级管控工作开展情况进行检查、考核和奖惩，各责任人员应了解自身建设职责。

工作小组是领导小组下设安全风险分级管控办公室，根据企业实际情况，可以成立专门的部门，也可以根据各部门的职责分工，指定部门负责安全风险分级管控工作，如安监处等职能部门确定安全风险分级管控办公室成员，一般企业主要负责人担任组长，副组长由组长进行任命，一般由分管安全的部长担任，确定安全风险分级管控办公室工作成员，保证安全风险分级管控工作的有序推进。

因安全风险分级管控工作不是一个人、一个部门、一个专业就能完成的，需要企业各个部门、各个专业进行协调配合，所以就需要根据企业的实际情况进行专业分组，确定专业组长，各专业人员在专业组长的领导下完成安全风险分级管控工作。

为顺利实施《安全生产风险分级管控与隐患排查治理双重预防机制建设工作方案》，企业应成立双重预防机制建设工作小组。工作小组由企业分管安全管理的负责人任组长，成员应包括安全总监、安全管理部负责人、各部门、科室（车间）的副职和熟悉生产过程中安全管理、设备管理、工艺流程、设计、技术、工程项目管理的骨干人员，当工作小组自身技术力量或人员能力暂时不足的情况下，可聘请外部机构或专家帮助开展相关工作。

工作小组负责风险分级管控工作的具体实施，组织开展风险和危险源辨识、风险评估、风险分级和风险控制措施制定及落实。

2．领导小组和工作小组职责

（1）领导小组的职责。

① 负责双重预防机制建设组织及人员配置的调度，明确所有人员工作职责及任务分工。

② 组织建立符合双重预防机制建设标准要求的风险分级管控和隐患排查治理制度、责任考核及奖惩制度等体系文件，并推行实施。

③ 组织审定双重预防机制建设实施方案，明确体系建设目标、步骤、任务内容及进度。

④ 协调调度各类资源保障体系建设，定期研究体系建设存在的问题，制定整改措施及解决方案。

⑤ 对双重预防机制建设的风险辨识、评级分级、管控措施的制定等各环节的过程控制和质量进行考核、奖惩。

（2）工作小组的职责。

① 学习国家及地方相关规范要求，全面负责企业风险分级管控和隐患排查治理体系的建设推进和落实执行。

② 组织起草双重预防机制建设工作方案和有关文件，指导和监督检查各专业工作组开展情况。

③ 负责对较大以上风险及控制措施的汇总、协调、监督评估。

④ 检查双重预防机制建设风险辨识、评价分级、管控措施制定等各环节的过程控制和质量。

⑤ 组织制订双重预防机制建设培训计划，分层次、分阶段、分岗位组织双重预防机制建设培训，并组织考试及效果考核。

⑥ 按照双重预防机制建设要求，组织开展风险隐患排查治理工作，同时对排查出的风险和隐患分析原因，制定措施，落实整改责任人、整改期限、整改资金等内容，做到风险隐患排查闭环管理。

技能点 2：成立领导小组和工作小组的程序

领导小组是企业双重预防机制的主心骨和风向标，工作小组是落实企业双重预防机制工作的重要组织，要搭建合理的团队，就必须从团队设计做起。领导小组和工作小组设计的流程一般分为以下两步。

1. 确定岗位设置

为确保安全风险分级管控工作的顺利开展，企业应成立由主要负责人、分管负责人和各职能部门负责人以及安全、生产、技术、设备等各类专业技术人员组成的风险分级管控领导小组。主要负责人负责组织风险分级管控工作，对企业安全风险分级管控工作全面负责，为安全风险分级管控工作的开展提供必要的人力、物力、财力支持，分管负责人应负责分管范围内的风险分级管控工作。

建立符合企业实际情况的安全风险分级管控工作责任体系，制定工作方案。在责任体系中将企业领导小组的组成构架进行明确。

双重预防机制工作小组根据企业的实际情况进行专业分组，确定专业组长，各专业人员在专业组长的领导下完成双重预防机制工作。小型企业的双重预防机制领导小组和工作小组可合并为一个机构。

（1）成立双重预防机制领导小组的典型案例。

某企业双重预防机制领导小组设组长和副组长各一名，成员若干名，领导小组结构如图 2-1 所示。

组长：主要负责人（董事长）。

副组长：总经理。

成员：分管安全负责人、各部门、科室（车间）负责人。如：办公室、人力资源部、财务部、工程管理部、合同管理部、生产技术部、安全管理部门、市场营销部、车间等负责人。

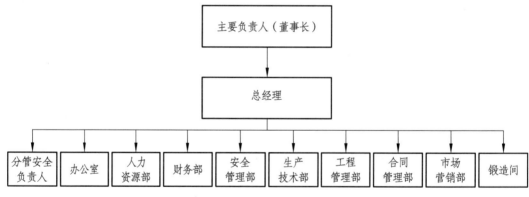

图 2-1　双重预防机制建设领导小组结构图

（2）成立双重预防机制工作小组的典型案例。

企业双重预防机制根据专业分工可建立工作小组，以便开展专业防控工作，每个工作小组可设组长和副组长各一名，成员若干名。

某煤矿企业双重预防机制专业工作小组设置如下。

① 通风管控工作小组。

组长：总工程师；副组长：通防副总。

② 地质灾害防治与测量管控工作小组。

组长：总工程师；副组长：防治水副总。

③ 采煤管控工作小组。

组长：生产矿长；副组长：采煤副总。

④ 掘进管控工作小组。

组长：掘进矿长；副组长：掘进副总。

⑤ 机电管控工作小组。

组长：机电矿长；副组长：机电副总。

⑥ 运输管控工作小组。

组长：机电矿长；副组长：机电副总。

⑦ 职业卫生管控工作小组。

组长：安全矿长；副组长：职业卫生办公室主任。

⑧ 安全培训和应急管理管控工作小组。

组长：党委副书记；副组长：安全培训办公室主任。

⑨ 调度和地面设施管控工作小组。

组长：生产矿长；副组长：调度室主任。

2. 明确岗位职责

确定了领导小组、工作小组，我们就需要明确安全风险分级管控各级工作人员的工作职责，可以直接将"企业安全风险分级管控标准化管理评分表"进行责任分解，确定各级领导所需要负责的工作，制定并下发文件。根据企业实际情况及各职能职责分工，编制责任分工表，有效杜绝各部门之间的推诿扯皮，提高安全风险分级管控办公室的工作效率，同时也便于进行责任追究。

子任务 3 编制实施方案

技能点 1：方案基本框架及内容

1. 工作目的与总体思路

准确把握安全生产的特点和规律，坚持风险预控、关口前移，全面推行安全风险分级管控，进一步强化隐患排查治理，推进事故预防工作科学化、信息化、标准化，实现把风险控制在隐患形成之前、把隐患消灭在事故前面。

为加快推进双重预防机制，全面剖析设备设施及作业活动中存在的风险，对风险和危险源进行辨识，对隐患进行排查和治理，降低生产作业活动中的风险，经领导小组研究决定开展双重预防机制建设，为保障体系建设，特制订双重预防机制实施方案。

2. 工作目标

尽快建立健全安全风险分级管控和隐患排查治理的工作制度和规范，完善技术工程支撑、智能化管控、第三方专业化服务的保障措施，实现企业安全风险自辨自控、隐患自查自治，形成政府领导有力、部门监管有效、企业责任落实、社会参与有序的工作格局，提升安全生产整体预控能力，夯实遏制重特大事故的扎实基础。

设定具体时间，启动与截止时间，完成企业风险分级管控和隐患排查治理体系建设持续更新工作，通过风险和危险源辨识，对企业所有的设备设施、生产活动及场所，全面分析存在的风险。通过风险评估、隐患治理使风险隐患始终处于受控状态，杜绝和减少生产安全事故的发生。每年对安全风险分级管控和隐患排查治理体系的运行情况进行评审评价，使其在运行中不断分析、辨识、评价、提高。

技能点 2：双重预防机制实施方案编制程序

以企业实际为主，安全管理部门配合支持领导小组，上下联动、分工明确，从风险分级管控体系建设、隐患排查治理体系建设、保障措施三个方面入手在规定的时间内完成各项工作。具体工作任务如以下几点。

1. 风险分级管控体系建设

企业应制定实施具有实用性、针对性和可操作性较强的风险分级管控程序（技术路线），抓好风险分级的过程管理，按照程序有序组织实施，才能确保识别出的危险源（风险点）、风险大小的判定以及风险控制措施的策划的真实性和科学性。

（1）总体要求。

① 编制确定风险和危险源识别方法、识别记录、识别步骤；风险评价方法、评价过程、风险分级相关制度和标准规范，风险控制措施制定与实施要求以及各类运行记录等。

② 排查风险。根据行业特点和工艺流程，全方位、全过程排查企业可能导致事故发生的风险点，发动全体员工深入开展查找身边（岗位、设备）安全风险活动，包括人的不安全行为、物的不安全状态、作业环境的不安全因素以及安全管理的缺陷等方面存在的风险，明确风险点所在区域或部位、风险点名称、可能导致事故类型、风险控制措施、状态描述、控制措施缺陷等基本信息。

③ 风险评价。按照明确的风险评价方法，由安全管理部门牵头组织技术骨干及有经验的生产负责人开展风险评价，确保评价结果客观、真实，为下一步有效控制风险提供客观依据和技术支持。

④ 确定风险等级。根据风险评价结果和单位实际，对排查出来的风险点进行分级，在确定风险类别的前提下，按照危险程度及可能造成后果的严重性，将风险分为 1、3、4、5 级（1 级最危险，依次降低）。

⑤ 明确管控措施。针对风险类别和等级，逐一明确风险管控层级（企业、部门、车间、班组），落实具体责任部门、责任人和具体管控措施。包括制度管理措施、物理工程措施、技术管理措施、视频监控措施、自动化控制措施、应急管理措施等。

⑥ 风险公告警示。在企业各公告栏公布主要风险点、风险类别、风险等级、管控措施和应急措施。让每一名员工都了解风险点的基本情况及防范、应急对策。对存在安全生产风险的岗位设置告知卡，标明本岗位主要危险危害因素、后果、事故预防及

应急措施、报告电话等内容。对可能导致事故的工作场所、工作岗位，应当设置报警装置，配置现场应急设备设施和撤离通道等。对可能产生职业病危害的作业岗位，应当在醒目位置，设置警示标识和警示说明，明示可能产生职业病危害的种类、后果、预防以及应急救治措施等内容。同时，将 1、2 级风险点的有关信息及应急处置措施告知相邻企业单位。

（2）编制程序。

风险分级管控体系是安全管理体系的子系统，企业应按照政府有关要求，结合自身实际，编制实施自身的风险分级管控体系及实施指南（可合并编制）。下面以煤矿风险分级管控体系实施指南编制大纲建议稿为示例说明《风险分级管控体系实施指南》建议编制大纲程序。

① 编制目的。

阐明开展风险分级管控的工作目的和意义，确保内部所有人员能够清楚地认识到该项工作开展的重要意义。

② 编制依据。

编制依据主要包括法规、标准、相关政策以及企业内部制定相关规定等要求。

③ 总体要求、目标与原则。

明确开展该项工作的严肃性和总要求，明确开展该项工作要实现的最终目标以及应坚持的原则，确保该项工作开展的长期性、有效性。

④ 职责分工。

明确该项工作的开展主责部门（牵头、督导及考核）责任部门及相关参与部门应履行风险点识别、风险评价及风险管控过程中应承担的职责。并将职责分工要求纳入安全生产责任制进行考核，确保实现"全员、全过程、全方位、全天候"的风险管控。

⑤ 风险点识别方法。

a. 风险点识别范围的划分要求。

比如以生产区域、作业区域或者作业步骤等划分，确保风险点识别全覆盖。

b. 风险点识别方法。

建议以安全检查表法（SCL）对生产现场及其他区域的物的不安全状态、作业环境不安全因素及管理缺陷进行识别；以作业危害分析法（JHA）并按照作业步骤分解逐一对作业过程中的人的不安全行为进行识别。

⑥ 风险评价方法。

企业应经过研究论证确定适用的风险评价方法，从方便推广和使用角度，建议采用作业条件危险性分析（修订的 LEC）或者风险矩阵法（LS）进行风险大小的判定。

⑦ 风险分级及管控原则。

企业应根据风险值的大小将风险分为四级，明确分级管控的原则要求。

⑧ 风险控制措施策划。

企业应依次按照工程控制措施、安全管理措施、个体防护措施以应急措施等四个逻辑顺序对每个风险点制定精准的风险控制措施。

⑨ 风险分级管控考核方法。

为确保该项工作有序开展及事故纵深预防效果，企业应对风险分级管控制定实施内部激励考核方法。

⑩ 风险点识别及分级管控记录使用要求。

指南应事先确定体系构建及运行过程中可能涉及的记录表格，并明确提出每个记录表格的填写要求及保存期限。

2. 隐患排查治理体系建设

（1）总体要求。

事故隐患排查与治理是企业事故预防的末端环节，通过该体系的建立与实施，打破过去"安全工作就是安全主管部门一家的事情"的管理劣势，实现事故隐患的群防群治、齐抓共管，在运行过程中，实现"安全专业"（从事安全管理的人员在专业程度上持续提升）和"专业安全"（从事其他专业职能的人员在专业管理领域里的安全认知与安全知识持续提升）的目标。

编制《隐患排查治理制度》，确定开展隐患排查组织领导、隐患排查方法、排查步骤、隐患分类标准、排查结果的处置程序、隐患排查治理相关制度和标准规范及奖惩办法等。

制定隐患排查治理标准和清单。针对各风险点制定隐患排查治理标准和清单，明确企业内部各部门、各岗位、各设备设施排查范围和要求，建立全员参与、全岗位覆盖、全过程衔接的闭环管理隐患排查治理机制，对各类隐患和违规违章行为实行精准排查、精准治理，对一时不能消除的隐患，要落实整改措施和应急方案，严防死守，限期消除，形成制度化、标准化的隐患排查治理体系。

建立健全隐患排查与治理档案。档案资料应至少包括：隐患排查治理体系规范、隐患排查治理责任小组、隐患排查治理奖惩制度、隐患排查治理清单（包括企业、部门、车间、班组）、隐患排查治理记录表、隐患排查治理公示、隐患排查治理通知单、隐患登记及整改销号审批表、隐患分类汇总表等。

（2）编制程序。

事故隐患排查治理体系是企业安全管理体系的子系统，煤矿应按照政府有关要求，结合自身实际，编制实施自身的事故隐患排查治理体系及实施指南（可合并编制）。下面针对煤矿提供了事故隐患排查治理体系实施指南编制大纲建议稿，《事故隐患排查治理体系实施指南》建议编制大纲程序有以下几点。

① 编制目的。

为了系统有序地做好事故隐患排查与治理工作，切实落实"一岗双责"，明确各职能部门和各单位职责，明确工作内容、工作程序及考核要求，特制订本指南。

② 编制依据。

指南编制依据《中华人民共和国安全生产法》《生产经营单位安全生产主体责任规定》及相关政策要求，并充分结合煤矿安全管理实际。

③ 总体要求、目标。

a. 总体要求。实现作业现场事故隐患的动态管理，按照责任制要求，确保事故隐患能够及时发现、及时治理，最大限度防止各类事故发生。

b. 总体目标。实现作业现场隐患排查治理的"全覆盖、无死角、无空档"；实现"零隐患、零伤害"目标。

④ 职责分工。

按照专业特点、区域特点、职能层级等进行职责分工。

⑤ 事故隐患排查方法。

隐患排查与治理是煤矿安全生产主体责任的重要内容，隐患排查不同于一般的企业日常安全检查或安全巡视，隐患排查必须做到有组织体系、有排查标准、有排查记录、有排查整改方案、有整改效果验证等"五有"要求。

⑥ 事故隐患排查标准。

煤矿应根据法律法规、标准规程、规范与要求编制不同专业、不同检查层级的隐患排查标准，隐患排查标准应用安全检查表的方法逐一制定。利用检查条款按照相关的标准、规范等对已知的危险类别、设计缺陷以及与工艺设备、操作、管理有关的潜在危险性和有害性进行判别检查。

a. 按照专业，安全检查表可划分为：工艺安全检查表、设备安全检查表、电气安全检查表、防火防爆安全检查表、防雷防静电安全检查表、消防安全检查表、安全连锁与功能、作业行为、职业健康防护安全检查表等。

b. 按照检查层级，安全检查表可划分为：矿级安全检查表、区队级安全检查表、班组级安全检查表等。

c. 按照时间，安全检查表可划分为：季节性安全检查表、节假日检查表、日常检查表等。

⑦ 事故隐患治理原则与程序。

煤矿应对事故隐患分级治理，按照班组级、区队级及矿级三个级别。不同层级负责的隐患治理由治理所需的资源配置、权限、管理及技术能力等因素来确定。每一级均应建立健全隐患治理台账，对隐患清单、隐患治理过程以及隐患治理效果验证均应保持完整记录。

⑧ 事故隐患等级划分。

按照隐患的危险程度，可以参照《安全生产事故隐患排查治理暂行规定》（安监总局令第 16 号），可分为一般隐患、较大隐患和重大隐患三个等级。其中：

一般事故隐患，是指易导致伤害事故发生且整改难度较小，在发现后能够立即整改排除的隐患；

较大事故隐患，是指易导致一般事故发生且有一定整改难度，在短期内能够立即整改排除的隐患；

重大事故隐患，是指易导致较大以上事故发生且整改难度很大，应当全部或者局部停产停业，并经过一定时间整改治理方能排除的隐患，或者因外部因素影响致使生产经营单位自身难以排除的隐患。

⑨ 事故隐患治理措施。

企业应根据隐患排查的结果，制定隐患治理方案，对隐患及时进行治理。隐患治理方案应包括目标和任务、方法和措施、经费和物资、机构和人员、时限和要求。重大事故隐患在治理前，应采取临时控制措施，并制订应急预案。隐患治理措施包括：工程技术措施、管理措施、教育措施、防护措施和应急措施。治理完成后，应对治理情况进行验证和效果评估。

⑩ 事故隐患治理效果验证。

隐患排查治理应符合"闭环管理"，对隐患治理的效果进行验证和跟踪，按照隐患等级明确效果验证责任部门和验证程序要求。对已按照要求整改的隐患及时销号，对未按期和按要求整改的隐患应督促整改并实施考核。

⑪ 事故隐患排查治理体系运行记录。

煤矿应建立健全事故隐患排查与治理档案，建立健全各类隐患排查与治理记录。

3. 保障措施

企业应从组织保障、制度保障、文化保障等三个方面建立并保持程序，以保障双重预防机制能够得到有效实施和运行。具体内容有以下几点。

（1）组织保障。应建立健全双重预防机制管理组织机构，以组织、协调、指导、监督风险预控管理工作。

（2）制度保障。应建立健全与双重预防机制管理相关的考核奖惩、风险控制和隐患排查治理、教育培训等管理制度，要建立健全并保持程序，以识别适用的法律、法规、标准和相关要求，建立健全并保持程序，以规范体系文件、记录的管理，保证在各个场所、岗位都能得到相关有效的文件、记录。

（3）安全文化保障。应建立健全并保持企业安全文化建设管理程序，以发挥安全文化的导向、激励、凝聚和规范功能。

4. 工作实施

安全风险管控与隐患排查治理体系建设工作分为九个阶段实施：动员部署；宣传、教育；编制双重预防机制工作流程和相关管理制度、体系文件；风险辨识、评价与分级；编制隐患排查表；成果汇总；隐患排查治理；建立安全风险管控信息平台；持续改进。

（1）动员部署阶段。

制定工作方案，主要负责人召开相关会议，进行动员部署，落实责任分工，明确工作进度安排。

（2）宣传教育培训阶段。

分阶段，采用集中或分散培训的方式，对中层以上人员、技术人员、全员开展宣传培训及效果考核。

（3）制定制度和体系文件阶段。

制定双重预防机制工作流程和相关管理制度、体系文件等资料。

工作小组组织企业各有关部门、科室（车间）协助，依据双重预防机制要求，结合企业实际，编制符合企业自身特点的双重预防机制工作流程和管理制度、体系文件，解决开展双重预防机制工作的技术体系。

（4）风险辨识、评价与分级、审核阶段。

风险辨识、评价与分级及审核主要工作为：一是企业各部门、科室（车间）班组进行风险和危险源辨识，确定"安全风险评估单元划分表"并进行风险评价；二是对风险点辨识、危险源辨识、风险评价以及管控措施进行审核。

① 辨识、评价、分级工作。

a. 根据确定的安全风险评估单元划分表。对设备设施、作业活动进行危险源辨识，要求全员参与，自下而上，由各岗位、班组、车间逐级识别确定本岗位、班组、车间的危险源和风险。

b. 风险评价。由各部门、科室（车间）对辨识的危险源和风险进行评价，将评价结果填入"危险源辨识风险评估结果表"。由工作小组指导各部门、科室（车间）人员按要求进行。

c. 制定管控措施和管控层级。针对风险点即排查出的危险源，从工程技术措施、管理措施、培训教育措施、个体防护措施、应急处置措施五个方面制定具体管控措施，并根据风险级别确定管控层级，确定"安全风险分级管控表"。

② 辨识、评价、分级及管控措施审核工作。

a. 领导小组对汇总的"危险源辨识风险评估结果表""安全风险分级管控表"进行分析评价和审核。

b. 对不符合要求的情况由各部门、科室（车间）重新实施风险辨识、风险评价和制定管控措施工作。

c. 重复上述过程，直至合格。

d. 审核分析。双重预防机制领导小组根据风险辨识、评价情况和职业健康安全方面的不良记录，分析企业双重预防机制建设的基本状况，并根据风险分级情况，确定重点风险，报主要负责人审核批准。

（5）编制隐患排查表阶段。

根据"危险源辨识风险评估结果表"和"安全风险分级管控表"编制"隐患排查清单"，形成隐患排查各种检查表，实现隐患排查标准明晰，解决以往隐患排查粗放的缺陷。

隐患排查治理流程。隐患排查→整改通知→整改反馈→整改验收，填写表格、建立台账，隐患排查治理实行闭环管理。

（6）成果汇总阶段。

对前阶段工作进行汇总和总结，形成体系文件或表单："安全风险评估单元划分表"；"危险源辨识风险评估结果表"；"安全风险分级管控表"；"主要安全风险告知栏"；"重点岗位风险告知卡""四色安全风险空间分布图"；"隐患排查清单"；隐患排查治理等各种记录表单。

（7）隐患排查治理阶段。

根据双重预防机制建设确定的体系文件和"隐患排查清单"，按企业各部门、科室

（车间）岗位职责等进行分工，按照规定的周期，全面开展隐患排查治理工作，建立全员参与、全岗位覆盖、全过程衔接的隐患排查治理机制，实现企业隐患自查自改自报常态化，确保安全生产水平上新台阶。

（8）建立安全风险管控信息平台阶段。

利用信息化手段将安全风险清单和事故隐患清单电子化，建立并及时更新安全风险和事故隐患数据库；绘制安全风险分布电子图，并将重大风险监测监控数据接入信息化平台，充分发挥信息系统自动化分析和智能化预警的作用。充分利用安全生产管理信息系统，实现风险管控和隐患排查信息化的融合，通过一体化管理避免信息孤岛，提升工作效率和运行效果。

（9）持续改进阶段。

当法律法规、生产工艺、设备、设施、工作环节、管理要求发生变化时，实施危险源更新辨识，重新组织风险评价，制定风险控制措施，不断更新完善体系文件，并对体系文件的符合性进行评审、修订和完善。

具体工作有以下几点。

① 适时、及时针对工艺、设备、人员等重大变动开展危险源辨识、风险评价，更新风险信息与风险管控措施，编制、更新风险管控清单；

② 根据风险管控措施或法律法规的变化及时更新隐患排查清单，并按清单编制排查表及时开展隐患排查；

③ 建立内外部沟通机制，及时有效传递风险信息和隐患信息，提高风险管控效果与隐患排查治理的效果和效率；

④ 重大风险信息更新后应及时组织相关人员进行培训；

⑤ 在规定的时间内，对双重预防机制建设情况进行一次系统性评审。

5. 工作要求

（1）提高认识，加强领导。建立完善双重预防机制，并提高到全企业的高度上，各部门、科室（车间）务必高度重视，以更大的决心和力度抓好落实。由企业双重预防机制建设领导小组，具体负责协调调度、督促指导。

（2）配合联动、积极推进。企业各部门、科室（车间）要按照管生产必须管安全的原则，抓好所管部门内双重预防机制建设工作，要密切配合，形成合力，共同推进。企业安全管理部及其他各部门要动员全体员工参与风险分级管控和隐患排查治理工作，落实职工岗位安全责任，推进群防群治。

（3）以点带面，全面推进。安全管理部门牵头组织企业各部门、科室（车间）的风险分级管控和隐患排查双重预防机制建设的具体工作，督促各部门、科室（车间）按照双重预防机制建设的要求和标准严格执行。要树立起一个示范班组或示范部门，认真组织进行双重预防机制建设工作。各部门、科室（车间）要按照标准规范，积极做好双重预防机制建设实施工作。

（4）细化标准，建立考核机制。双重预防机制建设是一项创新性强、技术复杂的系统工程，各部门、科室（车间）要组织工艺、安全、设备、电气仪表等相关专业的职工全面参与，双重预防机制建设，确保相关工作的科学性、实效性。同时安全管理部门要建立责任考核机制，发现在双重预防机制建设中执行不力的单位和个人要进行责任追究。某公司双重预防机制建设实施方案如表 2-1 所示。

表 2-1　双重预防机制建设实施方案表

序号	工作任务	工作目标	进度安排	工作分工	责任人
1	成立双重预防机制领导小组	建立组织机构	20××年×月×日—20××年×月×日	领导小组	组长
2	宣传、教育培训	全员学习双重预防机制建设目的、意义、方法	20××年×月×日—20××年×月×日	安全管理部、各科室（车间）	安全管理部、各科室（车间）负责人
3	编制双重预防机制相关制度等体系文件	建立体系文件，为体系建设提供理论依据	20××年×月×日—20××年×月×日	工作小组	组长
4	风险辨识、危险源辨识、评估与分级工作	评估单元划分、辨识风险、评估风险等级，确定管控层级，确定重大风险、较大风险、一般风险、低风险	20××年×月×日—20××年×月×日	安全管理部、各科室（车间）	安全管理部、各科室（车间）负责人
5	风险控制措施制定	制定风险分级、分层、分类、分专业管理措施，明确相对应的企业、部门、科室、车间、班组分级管控范围和责任，制定安全管护措施	20××年×月×日—20××年×月×日	安全管理部、各科室（车间）	安全管理部、各科室（车间）负责人
	实施安全风险告知	区域安全风险公示警告，重点岗位风险告知牌公示，绘制区"红橙黄蓝"四色安全风险空间分布图	20××年×月×日—20××年×月×日	安全管理部、各科室（车间）	安全管理部、各科室（车间）负责人
6	编制重点岗位隐患排查表	制定符合企业实际的隐患排查清单，编制检查方案及检查标准，明确和细化隐患排查的事项、内容和频次；梳理隐患排查治理工作流程，分解落实隐患排查治理责任	20××年×月×日—20××年×月×日	安全管理部、各科室（车间）	安全管理部、各科室（车间）负责人
7	成果汇总	对前期体系文件进行汇总整理	20××年×月×日—20××年×月×日	安全管理部、各科室（车间）	安全管理部、各科室（车间）负责人
8	开展隐患排查治理	检验隐患排查清单的科学性和准确性，消除事故隐患	20××年×月×日—20××年×月×日	安全管理部、各科室（车间）	安全管理部、各科室（车间）负责人

序号	工作任务	工作目标	进度安排	工作分工	责任人
9	建立安全风险观看信息平台	利用信息化手段将安全风险清单和事故隐患清单电子化，建立安全风险和事故隐患数据库；绘制安全风险分布电子图，并将重大风险监测监控数据接入信息化平台，充分发挥信息系统自动化分析和智能化预警的作用	20××年×月×日—20××年×月×日	安全管理部	安全管理部负责人
10	持续改进	在隐患排查治理基础上，当生产工艺、设备、设施、工作环节、管理要求发生变化时，实施危险源更新辨识，重新组织风险评价，制定风险控制措施，不断更新完善体系文件，同时对体系文件的符合性进行评审、修订、完善	20××年×月×日—20××年×月×日	安全管理部、各科室（车间）	安全管理部、各科室（车间）负责人

任务 2　全员培训

全员培训是确保双重预防机制有效运行的重要手段。企业应制定双重预防机制培训计划，并以集中和分散培训的方式组织开展全员培训，让所有人员掌握双重预防机制建设的目标、内容、要求和方法等，使其具备与岗位职责相适应的双重预防机制建设能力，同时以闭卷考试的方式对培训效果进行考核，并按体系考核奖惩制度进行奖惩。

子任务 1　制订培训计划

技能点 1：知晓培训计划包含的内容

通过参加专题培训、企业间交流观摩等方式加强对企业专职人员的培训，使专职人员具备双重预防机制建设所需的相关知识和能力。通过员工三级安全教育和日常班组会议等方式组织对全体员工开展风险意识、危险源辨识、风险评估和防控措施等内容的培训，使全体员工掌握危险源辨识和风险评估的基本方法。

企业应制订双重预防机制培训计划包括培训内容、培训时间、培训课时、培训对象、考核方式等。主要培训双重预防机制建设思路、安全风险分析清单编制流程、信息化系统操作使用等内容。让所有人员掌握双重预防机制建设的目标、内容、要求和方法等，具备与岗位职责相适应的双重预防机制建设能力。如表2-2所示。

表 2-2　某公司双重预防机制建设培训计划表

培训阶段	培训内容	培训时间	培训课时	培训对象	培训组织	考核
第一阶段	以责任意识为主题，主要内容包括双重预防机制的工作背景、法规、政策文件及标准规范的要求、工作职责、基础概念与理论知识、风险分级管控的内容与标准、关于两个体系建设推进工作的相关文件等	20××年×月×日—20××年×月×日	2	中层以上人员	安全管理部门	闭卷考试
	以专业知识和技能为主题，主要内容包括双重预防机制相关标准规范、基础概念与理论、规范建设流程及内容、风险辨识和评估技术、风险控制技术、隐患排查治理闭环管理和过程管理要求等	20××年×月×日—20××年×月×日	3	技术管理人员		闭卷考试
	以提升风险意识和参与岗位风险管控和隐患排查能力为主题，主要内容包括风险管理理念、安全风险管控责任、风险分级管控与隐排查治理双重预防机制建设实施方案，管理制度，双重预防机制工作程序、评价方法、企业主要风险分析点、隐患排查治理内容与标准	20××年×月×日—20××年×月×日	4	全体员工		闭卷考试
第二阶段	风险管控和隐患排查两个体系建立进度情况、危险源辨识风险评估结果，企业安全风险分级管控有关工作开展及需要解决的问题	20××年×月×日—20××年×月×日	2	中层以上人员		闭卷考试
	风险辨识和评估过程技术、风险控制技术、隐患排查治理过程涉及技术或专业性问题解析	20××年×月×日—20××年×月×日	3	技术管理人员		闭卷考试
	安全风险评估单元划分表、危险源辨识风险评估结果、企业安全风险分级管控表、现场隐患排查清单、基础类隐患排查清单等内容	20××年×月×日—20××年×月×日	3	全体员工		闭卷考试

技能点 2: 制订培训计划

1. 总体培训要求

（1）企业应对全体从业人员（含相关方人员）进行风险辨识管控和隐患排查治理知识的培训，提高从业人员具备与风险管控和隐患排查工作相适应的能力。

（2）企业应定期组织全体从业人员（含相关方人员）开展风险辨识成果及相关管控措施的教育、培训，如实告知作业场所和工作岗位存在的危险因素、防范措施及事故应急措施。

（3）企业应将双重预防机制建设的培训纳入年度安全教育培训计划，分层级、分阶段组织员工培训。

2. 培训计划制订程序

构建双重预防机制涉及全体员工，为确保构建工作顺利、高效开展，确保双重预防机制建立后有效运转，必须强化对全体员工的培训，强化对专业技术人员的培训。要使专业技术人员首先具备双重预防机制建设所需的相关知识和能力，再通过他们将相关知识和理念传播给全体员工，带领全体员工以正确的方法工作，确保双重预防机制建设工作顺利开展。这就需要制订系统合理且具有可实施性的培训计划，培训计划的制订可分为以下步骤：

（1）确定培训对象。

培训对象包括：组织体系的领导小组和工作小组团队成员、中层以上人员、技术管理人员和全体员工。

（2）确定培训内容。

要组织对全体员工开展关于风险管理理论、风险辨识评估方法和双重预防机制建设的技巧与方法等内容的培训，使全体员工掌握双重预防机制建设相关知识，尤其是具备参与风险辨识、评估和管控的能力，为双重预防机制建设奠定坚实的基础。

（3）确定培训课时。

根据培训对象及培训内容确定各阶段培训时间与课时。

（4）确定考核方式。

对涉及的培训内容，以向全体员工宣传风险管理的理念，使员工充分认识安全风险分级管控对于保障员工安全的重要作用，真正树立起风险意识为考核目的，设置题目与分项，以闭卷或开卷的形式进行，设置合格分数线。对不通过的员工，进行再次培训与考核。

子任务 2　实施培训与效果评估

技能点 1: 能组织实施培训工作

每家企业根据培训计划，分两个阶段组织中层以上人员、技术管理人员、全体人员开展培训及考核。

1. 培训对象及内容

（1）中层以上人员培训。以责任意识为主题，主要内容包括双重预防机制的工作背景、法规、政策文件、标准规范及相关要求、工作职责、基础概念与理论知识等。

（2）技术管理人员培训。以专业知识和技能为主题，主要内容包括双重预防机制相关标准规范、基础概念与理论、规范建设流程及内容、风险辨识和评估技术、风险控制技术、隐患排查治理闭环管理和过程管理要求等。

（3）全员培训。以提升风险意识和参与岗位风险管控和隐患排查能力为主题，主要内容包括风险管理理念、安全风险管控责任、岗位风险辨识和管控清单、隐患排查事项等。

2. 培训方式

（1）集中培训：第一阶段组织全体员工以集中培训的方式，开展培训。

（2）分散培训：第一、二阶段以分散培训的方式，由安全管理部组织中层以上人员开展培训；生产技术部组织技术管理人员开展培训；由各部门、科室（车间）负责人以分散培训的方式，于第二阶段组织本部门、科室（车间）全员开展培训。

3. 实施培训

（1）第一阶段培训。

① 中层以上人员培训。

组织企业主要负责人和各部门、科室（车间）负责人（企业管理层和工作小组成员）分散培训，由安全管理部负责，以责任意识为主题，主要内容包括双重预防机制的工作背景、法规、政策文件及标准规范的要求、工作职责、基础概念与理论知识、风险分级管控的内容与标准、关于两个体系建设推进工作的相关文件等。

② 技术管理人员培训。

组织各层级技术管理人员（工作小组成员及各层级技术管理人员）分散培训。由生产技术部负责，以专业知识和技能为主题，主要内容包括双重预防机制相关标准规范、基础概念与理论、规范建设流程及内容、风险辨识和评估技术、风险控制技术、隐患排查治理闭环管理和过程管理要求等。

③ 全员培训。

组织全体人员集中培训。以提升风险意识和参与岗位风险管控和隐患排查能力为主题，主要内容包括风险管理理念、重要性，安全风险管控责任，风险分级管控与隐排查治理双重预防机制建设实施方案、管理制度，双重预防机制工作程序、评价方法，企业主要风险分析、隐患排查治理内容与标准。

（2）第二阶段培训。

① 中层以上人员培训。

安全管理部负责组织，对风险管控和隐患排查两个体系建立进度情况、危险源辨识风险评估结果进行培训，同时对企业安全风险分级管控有关工作开展进度和需要解决的问题进行探讨明确。

② 技术管理人员培训。

生产技术部负责组织技术管理人员对风险辨识和评估技术、风险控制技术进行培训，对隐患排查治理过程涉及技术或专业性问题进行解析。

③ 全员培训。

各部门、科室（车间）负责人组织，对安全风险评估单元划分表、危险源辨识风险评估结果、企业安全风险分级管控表、现场隐患排查清单、基础类隐患排查清单等文件进行培训。

技能点 2：能组织培训效果评估

企业开展培训的目的，是通过系统的培训来提升员工的事故防控能力，从而提高企业安全生产水平。然而，培训做完了，效果如何？企业内部的问题是否得到解决？团队的综合实力是否得到加强？企业的安全生产水平是否有提升？这一切都需要通过培训效果评估来寻求答案。

1. 评估的四个层次方法

评估的四个层次是指，员工的学习反馈、培训学习的效果、组织行为的改变、最终产生的效果。

（1）员工的学习反馈。

学习反馈是在培训后，了解学员在培训过程中，以及培训后所产生的反应与感受。主要收集的信息情况可分为以下几点。

① 对培训讲师的认同度：培训讲师的培训技巧、亲和力以及现场控场能力等。

② 对内容设计的好感度：内容的实操性、过程中的互动性、学习的积极性等。

③ 对课件质量的认可度：培训教材通俗易懂、可视性以及制作的专业度等。

④ 对课程组织的合理性：培训课程组织的时间安排以及课时规划是否合理。

⑤ 对培训知识的落地性：理论与实际的结合，在未来工作中是否具备实操性。

评估的方法：可以通过调研问卷、评估访谈等形式来收集信息。

（2）培训学习的效果。

在学员完成培训后，及时地了解学员的收获。要围绕知识、技能、态度这 3 个方面来测试学员培训后，对课程内容的理解与沉淀。对于讲师而言，既是对其培训能力的检验，同时，也能从中寻找不足，可以在后期工作中加以改善。

评估的方法：可以通过培训内容测试、培训调研问卷、优秀学习案例等方式进行系统分析。

（3）组织行为的改变。

通过针对性的培训，在实际的工作过程中，去观察、发现员工的组织行为，是否在知识、态度、技能上有所改善，是否达到预期培训目标。

评估的方法：可以通过各岗位上下层级的工作观察、绩效结果、日常表现等方式系统评估。

（4）最终产生的效果。

通过完整且系统的培训，整个组织内部是否发生了应有的变化。观察员工的日常工作表现、分析员工的绩效结果，来评估最终对企业安全生产水平带来了哪些提升。

评估的方法：可以通过企业内部管理系统效率的提升、企业外部安全水平认可度的提升以及整体绩效达成结果的提升 3 个维度来系统评估最终的效果。

2. 评估的四种类型工具

针对培训评估内容中的具体方法，将调研问卷、访谈评估、笔试测评、绩效考核四种落地工具逐一展开解读。

（1）调研问卷：是对员工学习反馈的信息收集，其设计要点，需围绕学员在授课过程中，对课程学习的兴趣、注意力的集中度等展开调研，其目的是了解学员对授课讲师的看法、观点及态度。

（2）访谈评估：访谈的目的是了解学员对课程培训后，在工作中的应用情况的了解。访谈过程则是由学员的上级领导来主导展开，最终将收集的信息汇总后，交由人力资源部门进行分析。培训讲师则通过各部门的访谈结果来查找培训课程设计、培训形式等方面的不足，来加以改善。

（3）笔试测评：学员在完成培训后，培训讲师根据课程的内容，设计重要的考点，让学员进行笔试，最终进行评分，来评估学员的学习态度、课程理解、理论收获。

（4）绩效考核：通过培训内容，结合实际工作的应用，设计出关键绩效指标，纳入学员的绩效考核中，观察员工培训学习后，在工作中的实际转化情况。

3. 评估的四大实施阶段

培训实施按照时间发展的顺序，分为培训实施前、培训实施中、培训后 7—10 天、培训后 3 个月内四个阶段来进行评估。

（1）培训实施前。

通过问卷、访谈等形式了解学员的培训需求，以备人力资源部门设计有针对性的培训课程

（2）培训实施中。

通过问卷、笔试、访谈等形式了解评估学员的学习收获情况。人力资源部门通过培训讲师对培训现场学员的出勤情况、组织纪律、现场参与度，来评估学员的学习态度，过程中及时与学员上级沟通改善。

（3）培训后 7—10 天。

通过组织学员撰写学习与工作应用的心得体会，来推动学员对学习的理解与转化。并组织学员上级开展访谈，来指导学员的学习应用。

（4）培训后的 3 个月。

通过培训讲师、学员上级对学员进行书面测评，来对培训效果进行理论与行为的评估。最后，将培训内容结合工作实际，制定出关键绩效指标，对学员进行绩效考核。

自此，形成了一套完整系统的培训评估体系，最终保障培训不会变成一种形式过场，令其真正起到提升企业安全生产水平的效果。

任务 3   制定管理制度

结合双重预防机制建设相关要求，制定或修订不限于安全风险分级管控和隐患排查治理制度、重大危险源管理制度、教育培训制度、考核奖惩管理制度、持续改进工作制度、网络信息系统管理等制度。

子任务 1   制定双重预防机制管理制度

技能点 1： 简述双重预防机制管理制度的基本内容

企业应制定或修订安全风险分级管控和隐患排查治理制度。制度内容应包括目的、适用范围、职责、风险的定义、管理的工作程序及要求、风险分级分类标准、监督与检查、事故隐患的定义、分类、排查方式、程序、周期及内容、治理、建档等内容。

企业应建立重大危险源管理制度。制度应包括：组织机构与归口管理部门、职责、重大危险源管理的工作程序与要求、监督与检查、登记建档等内容。

企业应建立教育培训制度。制度应包括目的、适用范围、组织管理（或组织及职责）、各类型人员培训内容及要求、培训方式等内容。某公司安全教育培训管理办法见附录。

企业应建立双重预防机制考核奖惩制度。制度应包括目的、适用范围、考核依据、职责、考核奖惩（其中包括奖惩标准、考核频次及方式方法）。为进一步做好双重预防机制考核工作，可以进一步制定风险分级管控实施绩效考核细则和隐患排查治理绩效考核细则，细则可以包含风险分级管控和隐患排查治理有关工作部署、实施过程不到位、发现问题没有及时整改或改进等内容。

企业应建立持续改进工作制度。制度应包括目的、适用范围、职责、评审、更新、沟通等内容。

企业应建立网络信息系统管理制度。制度应包括目的、适用范围、职责、网络信息平台建设、运行及维护等内容。

技能点 2： 知晓双重预防机制制度制订的程序

企业想要双重预防机制可以正常落地，并取得良好效果，必须要有相关的规章制度进行约束，既要对操作员工进行约束管理，也要对管理人员进行约束管理。制订有效可行的工作制度可参照以下步骤。

第一步：制定标准。

制度归口管理部门应拟定《公司规章制度管理办法》，目的是使管理制度有章可循。制度应涵盖制度名称、制定目标、依据、适用范围、职责、程序、制度解释部门、生效日期及附件（含流程图、表单）。

第二步：全面梳理、分级分层分类管理。

按照《公司规章制度管理办法》将公司规章制度分级分层分类管理。

分级：制度可以分为四级，一级是公司治理制度，如公司章程、三会制度；二级是公司基本管理制度；三级是专业制度，如劳动防护用品管理；四级为实施细则，指导员工如何执行业务。也可以分为三级：一级公司治理制度与基本制度，这些基本是大原则，修订不频繁；二级为安全与职业卫生管理体系文件程序；三级为指导性实操文件。

分层：依据公司法、公司权责来确认批准层次。比如上述第一种分级：一级、二级制度按照公司法规定批准，三级一般经总办会批准，四级部门负责人批准。

分类：依据《企业内部控制应用指引》中十八个模块为基础进行分类，根据公司实际情况进行增减。

规范梳理：设计一个表单，表头应涵盖一、二、三、四级制度，办法、规定、细则名称，责任部门，责任人及对应流程，并标明流程为线上或线下。根据公司现有制度分部门填写表单（这是分级梳理）。补充：因各部门提交表单后，制度归口管理部门在厘清权责后，对照《企业内部控制应用指引》汇总、分类（这是分类梳理），如采购业务相关制度均放在采购业务模块，在此表单上增加一列模块名称。

第三步：厘清权责。

评估现状：制度归口管理部门设计一个权限指引表单，涵盖流程名称、责任部门、拟订、审核、批准、对应模板文件。由各部门负责人统计现有流程，按照要求填写。制度归口管理部门汇总各部门权限指引表，对照公司法、相关法律法规、部门职责、岗位说明书，评估现有流程是否存在不合规、不恰当的情况。

有效厘清：最好的办法是从上到下，先由顶层重新设计公司组织架构并确认各部门职责，人力资源部按照流程审批更新组织架构，根据新的组织架构重新梳理部门职责和岗位说明书，制度归口管理部门再组织各部门调整流程，从而对应调整权限指引表，让其固化，如有新员工入职，很清晰明了地了解公司整体流程。

第四步：完善制度。

拟订计划：制度归口管理部门组织各部门拟订年度完善制度计划，制度完善是循序渐进的过程，一次全面修订工作量比较大，建议先评估部门制度现状，是否缺失关键制度，现有关键制度是否存在较大风险，先将重要关键制度放在最前面，有计划有步骤地完成。

执行计划：各部门拟订制度，最好由有经验的员工负责，经部门负责人审核后，按照制度新增、修订流程走会审及审批流程，会审中建议法务或合规部门（合法合规性）、运营部门（合理性）、制度归口管理部门（制度之间的一致性，是否按照《公司规章制度管理办法》规定完善）为必审环节。

制度宣贯：每个部门发布制度均会抄送给制度归口管理部门，由其汇总正在运行的制度（含已修订、未修订），分类编制制度清单（涵盖模块名称、制度名称、发文编号、生效时间、责任部门、责任岗位）发布在公司 OA 或者以邮件形式发送给领导及各相关员工，对于重要的制度也可以组织培训集中宣贯。

第五步：建立手册。

内控管理手册是内控自评的一种工具，主要包含手册说明（可以不编，都是企业内部控制基本规范的内容）、流程框架（在权限指引表的基础上再完善即可）、风险控制矩阵（这是核心，有风险点、合规要求、控制措施、控制证据、责任部门、责任岗位等）、权限指引表（可以放在手册里，也可以单独列示）、流程图（在制度附件有流程图，可以省略）。其实，最关键的就是将流程框架（实质就是目录）、风险控制矩阵编制好即可。

建立好内控管理手册的前提是公司有比较完善的规章制度，手册就是制度的骨架，将主要风险点、关键控制点汇总在一个表单里，其主要作用是实施内控自评时作为标准，能够提高效率及效果。用一个个制度为标准去进行自评，太杂太碎，将手册的风险控制矩阵以 Excel 表单形式一条一条去自评，这样更有效。

有制度、有流程、有权限指引表、有手册、有管理制度的工具、方法，一个公司规章制度体系已然建成，不过制度体系是一个完善、自评、再次完善的无限循环的过程，应不断更新、优化。

子任务 2　编制双重预防机制建设所需表单

技能点 1：知晓双重预防机制建设所需的表单

企业应加强对双重预防机制的管理，结合实际编制包括但不限于安全风险评估单元划分表、危险源辨识风险评估结果表、安全风险分级管控表、主要安全风险告知栏表、重点岗位风险告知卡、隐患排查清单、四色安全风险空间分布图（图 2-2）、重大隐患信息报告单、重大隐患排查治理档案等表单，如表 2-3 ~ 表 2-10 所示。

表 2-3　安全风险评估单元划分表

序号	主单元	分单元	子单元	岗位（设备设施、作业活动）单元
1				
2				
...				

注：风险评估方法可以是定性的、半定量的、定量的，或者是这些方法的组合。企业可参考《风险管理风险评估技术》（GB/T27921—2011），选择风险矩阵法（LS）。

表 2-4　风险评估结果表

序号	岗位（设备设施/作业活动单元）	安全风险辨识					安全风险分析			安全风险评价
1		危险有害因素	事故类型	原因	后果	影响范围	可能性	严重性	现有措施有效性	安全风险等级
2										
…										

注：危险有害因素分类按照《生产过程危险和有害因素分类与代码》（GBT 13861—2022）执行。

表 2-5　安全风险分级管控表

序号	岗位（设备设施/作业活动单元）	危险有害因素	安全风险等级	管控措施	责任部门	责任人
1						
2						
…						

表 2-6　主要安全风险告知栏表

序号	环节或部位	危险有害因素	事故类型	后果	影响范围	风险等级	管控措施	应急措施	责任人	有效期	报告电话
1											
2											
…											

表 2-7　重点岗位风险告知卡

工作内容		工作场所			
危险有害因素		事故类别		管控措施	
应急措施					

表 2-8　隐患排查清单

序号	项目/单位名称	隐患位置	隐患描述	危害程度及影响范围	隐患分类	隐患等级	整改进展	措施及预案	计划完成时间	整改责任单位及责任人	备注
1											
2											
…											

填写单位：　　　　　填报人：　　　　　审核人：　　　　　日期：

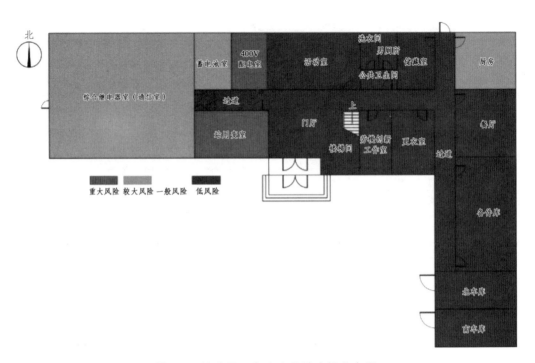

图 2-2 某公司四色安全风险空间分布图

表 2-9 重大隐患信息报告单

填报单位（签章）   填报时间：

隐患名称：	
隐患所属单位：	
隐患评估时间　　　　　　年　　　　月　　　　日	
第一责任人：	电话：
治理负责人：	电话：
隐患现状：	
隐患产生的原因：	
隐患危害程度：	
防控措施：	
治理措施：	
隐患治理计划：	
应急预案简述：	
备注：信息报告单内容以简要叙述为主，文字超过本表内容的，可单独附页说明。出自《电力安全隐患排查治理监督管理规定》。	

表 2-10　重大隐患排查治理档案

单位名称：　　　　　　　　　　　　　　　　　　　填报时间：

发现	隐患名称					
	隐患编号		隐患所在单位		隐患分类	
	隐患发现单位或发现人				发现日期	
	隐患内容					
评估	可能导致后果					
	评估结论		评估负责人	日期：		
核定	核定结论		核定负责人	日期：		
治理	治理责任单位				治理责任人	
	治理期限	自　　　　　　　　至				
	治理目标任务是/否落实			治理经费物资是/否落实		
	治理时间要求是/否落实			治理机构人员是/否落实		
	安全措施应急预案是/否落实			治理资金预算（万元）		
	治理情况			累计投入治理资金（万元）		
验收	验收申请单位		负责人	日期：		
	验收组织单位					
	验收意见					
	结论				是否消除	
	验收组长				验收日期	

技能点 2：知晓双重预防机制建设所需表单的设计与制订

企业安全生产双重防御机制建设所需表单种类多，表单丰富，评估清单、排查清单、风险告知卡及排查档案等不同种类的表单随着体系的不同而有不同针对性，现就安全检查表单对其设计与制订方法加以说明，供参考。

1. 方法概述

依据相关的标准、规范，对工程、系统中已知的危险类别、设计缺陷以及与一般工艺设备、操作、管理有关的潜在危害因素进行判别检查。适用于设备设施、建构筑物、安全间距、作业环境等存在的风险进行分析，包括编制安全检查表，列出设备设施清单，进行危险源辨识等步骤。

2. 安全检查表编制依据

安全检查表编制依据应包括但不限于以下内容。

（1）有关法规、标准、规范及规定；

（2）国内外事故案例和企业以往事故情况；

（3）系统分析确定的危险部位及防范措施；

（4）分析人员的经验和可靠的参考资料；

（5）有关研究成果，同行业或类似行业检查表等。

3. 编制安全检查表

安全检查表编制应包括但不限于以下内容。

（1）确定编制人员。包括熟悉系统的工段长、安全员、技术员、设备员等各方面人员。

（2）熟悉系统。包括系统的结构、功能、工艺流程、操作条件、布置和已有的安全卫生设施。

（3）收集资料。收集有关安全法律、法规、规程、标准、制度及本系统过去发生的事故事件资料，作为编制安全检查表的依据。

（4）编制表格。确定检查项目、检查标准、不符合标准的情况及后果、安全控制措施等要素。

4. 安全检查表分析评价

安全检查表分析评价应包括但不限于以下内容。

（1）列出"设备设施清单"；

（2）依据"设备设施清单"，按功能或结构划分为若干危险源，对照安全检查表逐个分析潜在的危害；

（3）对每个危险源，按照"安全检查表分析（SCL＋LEC）评价记录"进行全过程的系统分析和记录。

5. 检查表分析要求

综合考虑设备设施内外部和工艺危害，识别顺序如下。

（1）厂址、地形、地貌、地质、周围环境、周边安全距离方面的危害；

（2）厂区内平面布局、功能分区、设备设施布置、内部安全距离等方面的危害；

（3）具体的建（构）筑物等。

练习题

一、【填空题】

企业双重预防机制能够得到有效实施和运行需要从（　　　）、（　　　）、（　　　）三个方面保障。

二、【单选题】

1. 企业应以正式文件明确双重预防机制建设的组织机构，应成立（　　　），由主要负责人担任组长，成员包括分管负责人及各部门、各科室（车间）负责人。

　　A. 组织机构

　　B. 领导小组

　　C. 工作小组

　　D. 工作团队

2. 领导小组和工作小组设计的流程一般分为以下两步：（　　　）和明确岗位职责。

　　A. 编制岗位责权书

　　B. 确定岗位人数

　　C. 确定岗位设置

　　D. 制订值班表

三、【判断题】

1. 组织机构是指组织发展、完善到一定程度，在其内部形成的结构严密、相对独立，并彼此传递或转换能量、物质和信息的系统。（　　　）

2. 绩效考核是确定劳动报酬的依据。（　　　）

3. 设计组织机构的第一步是设计部门岗位。（　　　）

4. 中层以上人员培训以专业知识和技能为主题，主要内容包括双重预防机制相关标准规范、基础概念与理论、规范建设流程及内容、风险辨识和评估技术、风险控制技术、隐患排查治理闭环管理和过程管理要求等。（　　　）

5. 培训实施按照时间发展的顺序，分为培训实施前、培训实施中、培训后 7—10 天、培训后 3 个月内四个阶段来进行评估。（　　　）

四、【简答题】

1. 双重预防机制建设实施方案包括哪几个方面？

2. 双重预防机制建设实施方案中工作任务有哪些？

3. 双重预防机制建设实施方案中工作实施有哪九个阶段？

4. 宣传教育培训的对象有哪些？

5. 技术管理人员培训内容是什么？

6. 需要建立哪些双重预防机制管理制度？

模块 3　风险分级管控

　　风险分级管控是双重预防机制建设的重要环节，是开展隐患排查治理工作的前提，是落实全员安全责任的具体体现。风险分级管控工作主要包括四个方面：划分风险单元、辨识危险有害因素、风险评估和分级管控。

任务目标

☞　知识目标

1. 阐述划分风险单元的原则。
2. 阐述划分风险点的原则。
3. 解释划分风险单元、风险点的意义。
5. 解释危险源辨识的重要性。
6. 分析危险源辨识的内涵。
7. 明确危险源辨识的原则。
8. 分析固有风险评价和现实风险评价。
9. 阐述风险分级注意事项。
10. 论述安全风险防控原则。
11. 论述安全风险防控策略。
12. 阐述风险管控措施类型及含义。
13. 认识不同类型风险管控措施的特点。

☞　能力目标

1. 选择危险源辨识的方法。
2. 判断诱发事故类型。
3. 实施风险辨识。
4. 正确选用风险评价方法。
5. 绘制风险分级四色图。
6. 恰当选择安全风险防控措施类型。
7. 制定安全风险防控措施的注意事项。

☞　素质目标

1. 增强风险意识。
2. 树牢以人为本的安全理念和工作态度。
3. 养成真抓实干的工作作风。

任务 1　风险辨识

风险辨识是开展双重预防工作的第一步，只有充分辨识风险，才能解决"想不到"的问题。风险辨识又分两步，第一步是划分风险区域，第二步是开展以危险源辨识为主的风险点辨识。

子任务 1　划分风险单元、风险点

技能点 1：阐述划分风险单元的原则

（1）依据现有的生产管理框架，将生产经营单位的所有工作领域，按部门、车间、班组所管辖的区域划分风险单元。如根据生产管理特点，将整个企业划分为原辅材料储存区、初加工车间、精加工生产车间、成品区、公共辅助区、废物区、办公生活区等；

（2）落实"管生产必须管安全，管业务必须管安全"的规定，风险单元划分与现有管理职责相一致，不同的生产和业务范围不相互交叉，以免增加不必要的管理负担，或造成不必要的管理混乱。即将同一管理责任人管理的区域划为一个风险单元，不同责任人管理的区域不交叉，比如原料初加工区域和精加工分属于生料部门和生产部，就分别划为不同的区域，以便于落实管生产就必须管安全。

技能点 2：阐述划分风险点的原则

（1）每个区域内各个岗位的生产活动及所包含的设施设备为内容，对风险单元再进行细分，形成相对独立的风险点。比如原料初加工生产车间内有破碎机、收尘器、带式运输机等生产设备，以及润滑油仓库等材料，以这些设备和材料命名为不同的风险点，有的放矢地开展风险辨识。

（2）从利于管控的角度出发，风险点包含的内容不宜过大，也不宜过小。

（3）具有相对的独立性，如一套装置、一项活动。

（4）至少应包含一类能量或危险有害物质。

（5）其风险应是企业需要管控的；低风险的活动或设备、装置、区域等可忽略，如办公活动、电脑。

（6）同类别的设备、装置是否一并识别不能一概"合并同类项"；如同一区域的车床（机加工设备）、不同区域不同型号的压力容器，应考虑不同的位置、类型、危险程度等。

技能点 3：解释划分风险单元、风险点的意义

（1）明确安全单元分区、风险点，便于风险点的充分辨识、统计编号，避免疏漏。为便于风险管理，对于辨识的风险点，按风险单元分区进行统一编号，避免编号

错乱。比如生料区统一编号，成品区另行编号，一目了然，便于管理。

对风险单元进行划分之后，每个单元负责人带领本单元员工，对自己熟悉的岗位进行风险辨识，既有利于避免疏漏风险点辨识，也有利于同一风险点的不同危险源的全面辨识。

（2）明确风险单元分区、风险点，有利于全员、全方位、全过程地开展风险管理。

由于风险单元分区、风险点划分是将所有工作领域按部门、车间、班组、岗位进行划分的，客观要求所有岗位人员都要参与风险辨识，所有岗位涵盖了生产经营单位的方方面面，体现了风险辨识的全员、全方位、全过程性。

（3）有利于责任到人，落实生产经营单位主体责任。

（4）为建立可行、有效的风险分级管控和隐患排查体系奠定基础。

子任务 2 危险源辨识

由于风险来自危险源，对风险的辨识，实际就是对风险点所涉及的各个危险源的辨识，这种辨识能指明安全管理的细节，解决"想不到"的问题。

技能点 1：解释危险源辨识的重要性

防止能量或有害物质的失控，前提条件是把它们辨识出来，才能够有的放矢地施加相应的防范屏障加以管控。如果危险源未被识别，就无从谈起对其施加防范屏障，也就可能会因屏障缺失造成的"裸露"而发生失控，从而导致事故的发生。

案例 1：某公寓进行外墙整体节能保温改造，10 楼焊工作业火星飞溅引燃 9 楼窗外堆放的聚氨酯，起火并引燃 9 楼表面的尼龙防护网、脚手架上的毛竹片和保温材料，燃烧在楼体扩散的过程中引燃各楼层室内住宅，最终导致 58 人在火灾中遇难，71 人受伤。

案例 2：多年前，某炼化车间发生了这样一起泄漏事故，所加工的物料含硫化氢，领导安排两名员工进去抢修，因为预判可能会有硫化氢泄漏，就让两人都携带了正压式呼吸器。由于当时人们对正压式呼吸器不熟悉，觉得穿戴与脱卸都很费时，两人就把正压式呼吸器放在车间门口，用湿手绢遮掩着鼻子冲了进去。结果，两人因硫化氢中毒而死。

上述两起事故皆因危险源辨识不到位所致。案例 1 未辨识动火下方有易燃、可燃物这些一类危险源，致使未采取"清除动火点周边尤其是下方的易燃、可燃物，加强相关方管理"等控制二类危险源的措施，导致特大事故发生。案例 2 虽然辨识出了第一类危险源——硫化氢，也设置了防范屏障（措施）——要求当事人佩戴正压式呼吸器，但由于没有辨识出防范屏障上的漏洞——员工对管理控制措施执行不力，也就没有对第二类危险源采取对应措施，如加强现场监督等，从而致使两名员工中毒死亡。

危险源辨识是风险管控的第一步，是风险管控的前提和基础，只有准确全面、系统地辨识危险源，才能有效管控风险，避免事故的发生。

技能点 2：分析危险源辨识的内涵

危险源辨识是识别危险源的存在并确定其特性的过程。

危险源辨识以企业实际存在的场所、设备设施、能量、物料（原辅材料、成品、半成品以及废物）等为风险点开展。比如，某企业生产需要，使用 1 台起重为 5 吨的桥门式起重机，就需要将这个起重机作为风险点，辨识其在生产过程、检维修、日常管理中存在的所有危害因素，以及这些危害因素可能导致的事故类型，即确定其特性。

技能点 3：明确危险源辨识的原则

1. 全面性原则

所谓危险源辨识的"全面性"，是指在辨识危险源的广度方面，辨识的范围要广，要面面俱到，做到人、机、料、法、环诸多方面全面覆盖。例如，要对一家工厂进行风险管理，在进行危险源辨识时，就要从厂址、自然条件、总图运输、建构筑物、工艺过程、生产设备装置、特种设备、公用工程、设施、安全管理制度等各方面进行分析、识别。不仅要分析正常生产操作中存在的危险源，还应分析、识别开车、停车、检修、装置受到破坏及操作失误情况下的危险源，以及紧急情况或事故状态下的危险源（见图 3-1）。

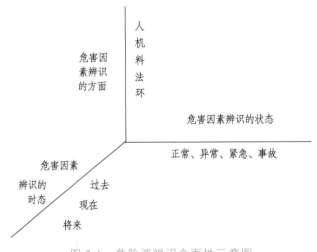

图 3-1　危险源辨识全面性示意图

2. 系统性原则

相对于"全面性"而言，所谓危险源辨识的"系统性"，是指危险源的纵深程度，即在做到全面覆盖的基础上，对每个环节、节点不能浅尝辄止，要向其纵深度发展，做到系统辨识。而要做到危险源辨识的"系统性"，就要通过专业人员深入系统地分析每一个专业系统所可能存在的危险源。同时，还要注意研究系统和系统、系统与子系统以及子系统与子系统之间的相互关系，从而辨识出可能存在的危险源。

3. 科学性、预见性原则

风险辨识是对未来可能发生事故的一种预测，它的科学性，即是风险辨识的准确性。要做到准确预测，需要做到以下几点。

（1）要根据辨识对象的复杂程度、使用者的文化业务素质等，选择科学适宜的辨识方法。

（2）要在坚持科学性的基础上，尽可能多地利用资料、信息，加之认真思考、分析，才能够较为准确地达到预测的目的。

（3）要提高预测的质量，即危险源辨识的准确程度，还需要扩大危险源辨识的数量。只有把相关的危险源辨识出来，才能够使其进入风险评估阶段以及后续的防控阶段；如果在辨识阶段就没有辨识出来危险源，就更不用说对其进行防控了。

4."宁滥勿缺"原则

所谓"宁滥毋缺"，是指在危险源辨识过程中，把可能出现（存在）也可能不出现（存在），即没有把握一定会出现（存在）危害因素，要本着"宁滥毋缺"原则、把它辨识出来，纳入危险源辨识的"篮子"中去。也只有这样，才能够通过风险评估，把可能引发事故的危险源筛选出来，进而通过制定并执行相应措施，防控事故的发生，达到风险管理的目的。当然，这里所谓的"宁滥毋缺"是建立在科学辨识的原则之下的，绝不是不负责任地胡拼乱凑、滥竽充数，把风马牛不相及的一些危害因素都拉扯进来。

技能点 4：选择危险源辨识的方法

危险源识方法，一般分为经验法与系统安全分析方法两类。

1. 经验法

适用于有可供参考先例、有以往经验、法律法规规范等，如用于传统工艺、技术的生产作业活动等。但该类方法不能应用在没有可供参考先例的新技术、新工艺、新材料、新设备"四新"工作的危害因素辨识。这一类方法分以下两类。

（1）对照法。

对照有关标准、法规、检查表或依靠分析人员的观察分析能力，借助于经验和判断能力直观地评价对象危险性和危害性的方法。对照经验法是辨识中常用的方法，优点是简便、易行，缺点是受辨识人员知识、经验和占有资料的限制，可能出现遗漏。为弥补个人判断的不足，常采取专家会议的方式来相互启发、交换意见、集思广益，使危险源辨识更加细致、具体。

（2）类比法。

利用相同或相似系统、作业条件的经验和安全生产事故的统计资料，来辨识分析对象的危险源。一般是基于大量数据、资料支持的"数据驱动法"，也即定量辨识法，如在对传统工艺、技术的生产作业活动等开展危害因素辨识时，可利用小事故、未遂事故、事件等数据、资料，辨识具有相同或相似系统、作业条件中的危险源。

2. 系统安全分析法

系统安全分析方法，即应用系统安全工程评价方法进行危险源辨识。常见的系统安全辨识方法有以下几种：

（1）安全检查表法。

安全检查表法（Safety Check List，SCL）是依据相关的标准、规范，对工程、系统中已知的危险类别、设计缺陷以及与一般工艺设备、操作、管理有关的潜在危险性和有害性进行判别检查。适用于工程、系统的各个阶段，是系统安全工程的一种最基础、最简便、广泛应用的系统危险性评价方法。

（2）故障树分析。

故障树（Fault Tree）是一种倒立的树状的逻辑因果关系图，所以被称为故障树。故障树分析（Fault Tree Analysis，FTA）是以一个不希望发生的产品故障事件（用于预防性的安全分析）或者已经发生的失效事件（用于故障排查）为顶事件作为分析的对象，通过由上向下的严格按层次的故障因果逻辑分析，逐层找出故障事件的必要而充分的直接原因，画出故障树，最终找出导致顶事件发生的所有可能原因和原因组合，此外，在有底事件失效率基础上，还可做定量分析，计算出顶事件发生的概率和底事件重要度。

（3）事件树分析。

事件树分析法（Event Tree Analysis，ETA）是安全系统工程中常用的一种归纳推理分析方法，起源于决策树分析（DTA），它是一种按事故发展的时间顺序由初始事件开始推导可能的后果，从而进行危险源辨识的方法。这种方法将系统可能发生的某种事故与导致事故发生的各种原因之间的逻辑关系用一种称为事件树的树形图表示，通过对事件树的定性与定量分析，找出事故发生的主要原因，为确定安全对策提供可靠依据，以达到猜测与预防事故发生的目的。事件树分析法已从宇航、核工业进入到一般电力、化工、机械、交通等领域，它可以进行故障诊断、分析系统的薄弱环节，指导系统的安全运行，实现系统的优化设计等等。

（4）故障假设分析。

故障假设分析法（Fault Hypothesis Analysis）是一种常用的故障分析方法，它通过对系统故障的可能原因进行假设和验证，逐步缩小故障的范围，最终确定故障的根本原因。

（5）失效模式与影响分析。

失效模式与影响分析即"潜在失效模式及后果分析"，或简称为 FMEA。FMEA 是在产品设计阶段和过程设计阶段，对构成产品的子系统、零件，对构成过程的各个工序逐一进行分析，找出所有潜在的失效模式，并分析其可能的后果，从而预先采取必要的措施，以提高产品的质量和可靠性的一种系统化的活动。

（6）预先危险性分析。

预先危险性分析（Preliminary Hazard Analysis，PHA）也称初始危险分析，是安全评价的一种方法。是在每项生产活动之前，特别是在设计的开始阶段，对系统存在危险类别、出现条件、事故后果等进行概略的分析，尽可能评价出潜在的危险性。

（7）工作危害分析/工作安全分析。

① 工作危害分析 JHA、工作安全分析 JSA 是不同叫法的一种方法。

② JHA/JSA 核心内容：工作分解、危险（源）辨识、危险管控措施制定；工作安全分析（Job Safety Analysis，JSA）将工作任务逐步分解，确定每一步的相关危险，提出合适的危险控制措施，最大限度减少工作人员伤病风险。

③ 严格来说，工作危害分析（JHA）不是危险源辨识的直接方法，只能说工作危害分析包含着危险源辨识这一过程，通过危险源辨识才能完成工作危害分析全过程。该危险源辨识可能用到的专家调查法、头脑风暴法、德尔菲法（Delphi，专家判断法的一种）、现场调查法、故障树分析（FTA）、事件树分析（ETA）等方法，才是危险源辨识的直接方法。

（8）头脑风暴法。

所谓头脑风暴（Brain-Storming）最早是精神病理学上的用语，针对精神病患者的精神错乱状态而言的，现在转而为无限制的自由联想和讨论，其目的在于产生新观念或激发创新设想。头脑风暴法又称智力激励法、BS 法、自由思考法，是由美国创造学家 A.F.奥斯本于 1939 年首次提出、1953 年正式发表的一种激发性思维的方法。此法经各国创造学研究者的实践和发展，已经形成了一个发明技法群，如奥斯本智力激励法、默写式智力激励法、卡片式智力激励法等等。

（9）危害与可操作性分析。

危险与可操作性分析（Hazard and Operability Analysis），又称 HAZOP，是一种广泛应用于石油、化工、制药等流程工业的工艺危险分析方法之一。根据其字面意思，包括两部分内容：危险性分析和可操作性分析。危险性分析是指对选取的系统节点进行潜在的危险性原因及可能导致事故后果的分析，是出于安全的目的；而可操作性分析则关心工艺系统是否能够实现正常操作，是否便于开展维护或维修，甚至是否会对产品质量或产量产生影响。

技能点 5：判断诱发事故类型

参照《企业伤亡事故分类》（GB6441—1986）对事故进行分类，综合考虑起因物、引起事故的诱导性原因、致害物、伤害方式等，将事故分为 20 类。

（1）物体打击，指失控物体的惯性力造成的人身伤害事故。如落物、滚石、锤击、碎裂、崩块、砸伤等造成的伤害，不包括爆炸而引起的物体打击。

（2）车辆伤害，指本企业机动车辆引起的机械伤害事故。如机动车辆在行驶中的挤、压、撞车或倾覆等事故，在行驶中上下车、搭乘矿车或放飞车所引起的事故，以及车辆运输挂钩、跑车事故。

（3）机械伤害，指机械设备与工具引起的绞、辗、碰、割戳、切等伤害。如工件或刀具飞出伤人，切屑伤人，手或身体被卷入，手或其他部位被刀具碰伤，被转动的机构缠压住等。但属于车辆、起重设备的情况除外。

（4）起重伤害，指从事起重作业时引起的机械伤害事故。包括各种起重作业引起的机械伤害。但不包括：触电，检修时制动失灵引起的伤害，上下驾驶室时引起的坠落式跌倒。

（5）触电，指电流流经人体，造成生理伤害的事故。适用于触电、雷击伤害。如人体接触带电的设备金属外壳或裸露的临时线，漏电的手持电动手工工具；起重设备误触高压线或感应带电；雷击伤害；触电坠落等事故。

（6）淹溺，指因大量水经口、鼻进入肺内，造成呼吸道阻塞，发生急性缺氧而窒息死亡的事故。适用于船舶、排筏、设施在航行、停泊作业时发生的落水事故。

（7）灼烫，指强酸、强碱溅到身体引起的灼伤，或因火焰引起的烧伤，高温物体引起的烫伤，放射线引起的皮肤损伤等事故。适用于烧伤、烫伤、化学灼伤、放射性皮肤损伤等伤害。不包括电烧伤以及火灾事故引起的烧伤。

（8）火灾，指造成人身伤亡、财产损失的企业火灾事故。不适用于非企业原因造成的火灾，比如，居民火灾蔓延到企业。此类事故属于消防部门统计的事故。

（9）高空坠落，指出于危险重力势能差引起的伤害事故。适用于脚手架、平台、陡壁施工等高于地面的坠落，也适用于山地面踏空失足坠入洞、坑、沟、升降口、漏斗等情况。但排除以其他类别为诱发条件的坠落。如高处作业时，因触电失足坠落应定为触电事故，不能按高处坠落划分。

（10）坍塌，指建构筑物、堆置物的等倒塌以及土石塌方引起的事故。适用于因设计或施工不合理而造成的倒塌，以及土方、岩石发生的塌陷事故。如建筑物倒塌，脚手架倒塌，挖掘沟、坑、洞时土石的塌方等情况。不适用于矿山冒顶片帮事故，或因爆炸、爆破引起的坍塌事故。

（11）冒顶片帮，指矿井工作面、巷道侧壁由于支护不当、压力过大造成的坍塌，称为片帮；顶板垮落为冒顶。二者常同时发生，简称为冒顶片帮。适用于矿山、地下开采、掘进及其他坑道作业发生的坍塌事故。

（12）透水，指矿山、地下开采或其他坑道作业时，意外水源带来的伤亡事故。适用于井巷与含水岩层、地下含水带、溶洞或与被淹巷道、地面水域相通时，涌水成灾的事故。不适用于地面水害事故。

（13）放炮，爆破伤害，指施工时，放炮作业造成的伤亡事故。适用于各种爆破作业。如采石、采矿、采煤、开山、修路、拆除建筑物等工程进行的放炮作业引起的伤亡事故。

（14）火药爆炸，指火药与炸药在生产、运输、贮藏的过程中发生的爆炸事故。适用于火药与炸药生产在配料、运输、贮藏、加工过程中，由于振动、明火、摩擦、静电作用，或因炸药的热分解作用，贮藏时间过长或因存药过多发生的化学性爆炸事故，以及熔炼金属时，废料处理不净，残存火药或炸药引起的爆炸事故。

（15）瓦斯爆炸，是指可燃性气体瓦斯、煤尘与空气混合形成了达到燃烧极限的混合物，接触火源时，引起的化学性爆炸事故。主要适用于煤矿，同时也适用于空气不流通，瓦斯、煤尘积聚的场合。

（16）锅炉爆炸，指以水为介质的蒸汽锅炉物理性爆炸事故（以下简称锅炉），但不适用于铁路机车、船舶上的锅炉以及列车电站和船舶电站的锅炉。

（17）容器爆炸，容器（压力容器的简称）是指比较容易发生事故，且事故危害性较大的承受压力载荷的密闭装置。容器爆炸是压力容器破裂引起的气体爆炸，即物理性爆炸，包括容器内盛装的可燃性液化气在容器破裂后，立即蒸发，与周围的空气混合形成爆炸性气体混合物，遇到火源时产生的化学爆炸，也称容器的二次爆炸。

（18）其他爆炸，凡不属于上述爆炸的事故均列为其他爆炸事故，如炉膛爆炸，钢水包、天然气爆炸、亚麻粉尘的爆炸等。

（19）中毒和窒息，指人接触有毒物质，如误吃有毒食物或呼吸有毒气体引起的人体急性中毒事故，或在废弃的坑道、暗井、涵洞、地下管道等不通风的地方工作，因为氧气缺乏，有时会发生突然晕倒，甚至死亡的事故称为窒息。两种现象合为一体，称为中毒和窒息事故。不适用于病理变化导致的中毒和窒息的事故，也不适用于慢性中毒的职业病导致的死亡。

（20）其他伤害。凡不属于上述伤害的事故均称为其他伤害，如扭伤、跌伤、冻伤、野兽咬伤、钉子扎伤等。

技能点 6：实施风险辨识

（1）在双重预防机制建设教育培训的基础上，根据双重预防机制建设相关管理制度，在领导小组领导下，开展风险点辨识。

（2）结合风险单元分区和具体风险点，组织本部门、班组的全体人员全过程参与风险辨识。

（3）通过激励机制，激发每位员工的参与积极性，采用多种辨识方法，结合三种时态（过去、现在和未来）、四种状态（正常、异常、紧急和检修）全方位、全过程开展危险源辨识，根据实际情况，宁滥勿缺。

（4）逐一全面辨识各个风险点的危险源。

① 辨识一类危险源，明确能量类别（电能、机械能、势能、化学能、热能、辐射能、声能等）和危险有害物质的类别和性能（设备设施；易燃易爆性、毒害性；粉尘；原辅材料等）。

② 结合《生产过程危险和有害因素分类与代码》（GB/T 13861—2022），从物的因素、人的因素、管理因素、环境因素着手，全方位、多角度辨识二类危险源，尽量做到科学合理，宁滥勿缺。

（5）建立风险基础清单，完整记录每个风险点信息。风险清单根据各企业实际情况编制，样表如表 3-1 所示。

表 3-1　某公司风险辨识清单

部门/车间：检维修车间		岗位/工序：焊接（割）		制表日期：　　　年　　月　　日	
风险编号	风险单元（位置）	风险点名称	危险源辨识	可能导致的事故类型	伤害程度
FX-JX-01	检维修区	氧气瓶	（1）储存高压氧气，气瓶属于特种设备；氧气泄漏浓度超过23.5%具有毒害性，浓度越高，毒害性越强；氧气具有助燃性。 （2）氧气瓶损坏、连接管道损坏等引发氧气泄漏，氧气遇明火加剧火灾、爆炸。 （3）氧气瓶暴晒、离高温热源距离不足等导致气瓶压力增大导致爆炸。 （4）氧气瓶安全附件缺失或失效，引发气瓶爆炸、气瓶泄漏等。 （5）卸车、搬运等过程气瓶违章操作，发生碰撞、掉落等，引发气瓶爆炸。 （6）气瓶存放、搬运过程与乙炔瓶混放、混运。 （7）存放点安全间距不足，禁火管理不足，引发火灾事故。 （8）易燃品、油脂和带有油污的物品与氧气瓶共同存放在一起，引发火灾事故。 （9）搬运等过程使用产生火花的不安全工具，引发火灾事故。 （10）气瓶装卸点未采取防撞措施,气瓶存放、使用中未采取防倾倒措施，引发气瓶破裂，氧气泄漏。 （11）瓶体、软管安全色磨损或错误；瓶体永久标志缺失或磨损；瓶体上防撞圈缺失，瓶内气体用尽。 （12）未建立气瓶管理制度；氧气瓶管理职责不清晰；未将氧气瓶纳入特种设备管理制度进行管理；未定期对气瓶进行检查；未对购进氧气进行合格检查；未对供应商进行资格检查。 （13）氧气瓶装卸、搬运、使用、管理人员未经培训合格上岗；未穿戴防静电服装等。 （14）气瓶库、动火作业点未放置灭火器或其他灭火装置。	火灾、容器爆炸	致命伤害

任务 2　风险评价、分级

风险评价、分级是在风险辨识的基础上，对风险进行科学评价，明确区分风险级别的程序，是实现风险分级管控的必需环节之一。

子任务 1　风险评价

风险评价是对各风险点（的危险源）导致的风险通过风险评价方法进行评估，对风险是否可接受予以确定的过程。风险评价包括固有风险评价和现实风险评价。

技能点 1：分析固有风险评价和现实风险评价

1. 固有风险及其评价意义

固有风险是指危险源本身客观固有的风险，其大小取决于危险源的能级、量级等。

在固有风险评价时不考虑风险管控措施，既可以针对风险点的各危险源进行风险评价，也可以对风险点直接进行风险评价。固有风险等级是采取安全措施的依据。

2. 现实风险及其评价意义

采取安全措施后的风险称为剩余风险，又称为现实风险。对危险源采取安全措施，危险源对人身安全和健康的危险性就下降了，风险就降低了，日常生活中面对的是现实风险。

现实风险代表现有安全措施的有效程度，若现实风险评价结果为较大风险及以上，说明现实风险程度很高，需要采取更有效的管控措施，使现有风险降低至一般风险及以下。

技能点 2：正确选用风险评价方法

常用的风险评价方法有：作业条件危险性分析法（LEC）、风险矩阵分析法（LS）、风险程度分析法（MES）、工作危害分析法（JHA）等方法对安全风险点进行定性、定量评价，根据评价结果按从严从高的原则判定安全风险等级。

现在，我们逐一学习常见的风险评价方法。

1. 作业条件风险程度评价——MES 法

作业条件风险程度评价法（简称 MES 法），$R = M \times E \times S$，其中 R 是危险性（也称风险度），是事故发生的可能性与事件后果的结合，M 是控制措施的状态；E 是人体暴露于危险状态的频繁程度或危险状态出现的频次；S 是事故的可能后果；R 值越大，说明危险性越大、风险越大。

（1）控制措施的状态 M。

对于特定危害引起特定事故（这里"特定事故"一词既包含"类别"的含义，如灼烫、高处坠落、触电、火灾、其他爆炸、起重伤害、物体打击、机械伤害等；也包含"程度"的含义，如死亡、永久性部分丧失劳动能力、暂时性全部丧失劳动能力、仅需急救、轻微设备损失等）而言，无控制措施时发生的可能性较大，有减轻后果的应急措施时事故造成的损失较小，有预防措施时发生的可能性最小。控制措施的状态 M 的赋值见表 3-2。

表 3-2　控制措施的状态 M

分数值	控制措施的状态
5	无控制措施
3	有减轻后果的应急措施，如警报系统、个体防护用品
1	有预防措施，如机器防护装置等，但须保证有效

（2）人体暴露或危险状态出现的频繁程度 E。

人体暴露于危险状态的频繁程度越大，发生伤害事故的可能性越大；危险状态出现的频次越高，发生财产损失的可能性越大。人体暴露的频繁程度或危险状态出现的频次 E 的赋值见表 3-3。

表 3-3　人体暴露的频繁程度或危险状态出现的频次 E

分数值	E1：人体暴露于危险状态的频繁程度	E2：危险状态出现的频次
10	连续暴露	常态
6	每天工作时间内暴露	每天工作时间出现
3	每周一次，或偶然暴露	每周一次，或偶然出现
2	每月一次暴露	每月一次出现
1	每年几次暴露	每年几次出现
0.5	更少的暴露	更少的出现

注1：每班不离工作岗位，算"连续暴露"；危险状态常存，算"常态"。

注2：每天暴露几次，算"每天工作时间暴露"；每天危险状态出现几次，算"每天工作时间出现"。

（3）事故的可能后果 S。

表 3-4 表示按伤害、职业相关病症、财产损失、环境影响等方面不同事故后果的分档赋值。

表 3-4　事故的可能后果 S

分数值	事故的可能后果			
	伤害	职业相关病症	财产损失（元）	环境影响
10	有多人死亡		>1 千万	有重大环境影响的不可控排放
8	有一人死亡或多人永久失能	职业病（多人）	100 万～1000 万	有中等环境影响的不可控排放
4	永久失能（一人）	职业病（一人）	10 万～100 万	有较轻环境影响的不可控排放
2	需医院治疗，缺工	职业性多发病	1 万～10 万	有局部环境影响的可控排放
1	轻微，仅需急救	职业因素引起的身体不适	<1 万	无环境影响
注：表中财产损失一栏的分档赋值，可根据行业和企业的特点进行适当调整。				

（4）根据可能性和后果确定风险程度。

将控制措施的状态 M、暴露的频繁程度 E（E1 或 E2）、一旦发生事故会造成的损失后果 S 分别分为若干等级，并赋予一定的相应分值。风险程度 R 为三者的乘积（R = MES）。将 R 亦分为若干等级。针对特定的作业条件，恰当选取 M、E、S 的值，根据相乘后的积确定风险程度 R 的级别。风险程度的分级见表 3-5。

表 3-5　风险程度的分级

R = MES	风险程度（等级）	
>180	1 级	极其危险
90～150	2 级	高度危险
50～80	3 级	显著危险
20～48	4-1 级	轻度危险
≤18	4-2 级	稍有危险

以丙烷站为例，先判定安全风险点的固有风险。

M 值：假定其未采取任何风险控制措施（包括：应急措施和预防性措施），则 M = 5。

E 值：假定员工工作时间暴露，则 E = 6。

S 值：假定事故后果为可能造成多人死亡，则 S = 10。

R 值：R = MES = 5×6×10 = 300。

对照表表 3-5，R = 300>180，其固有风险程度为一级（红色级）。

下面再分别评价其现实风险。假定该丙烷站位于一个相对偏僻的独立区域，现场评价时，除未安装可燃气体检测报警仪、安全阀未定期校验以外，其余风险管措施均能满足安全要求。以此为例来计算该安全风险点的现实风险。

M 值：该丙烷站位于一个相对偏僻的独立区域，除未安装可燃气体检测报警仪、安全阀未定期校验以外，其余风险管措施均能满足安全要求，则 M = 3。

E 值：假定员工工作时间暴露，则 E = 6。

S 值：该丙烷站位于一个相对偏僻的独立区域，不会涉及周边区域，且只有 1 名当班作业人员，则 S = 8。

R 值：R = MES = 3 × 6 × 8 = 144。

对照表表 3-5，R = 144 在 90-150 范围，现实风险程度为二级（橙色级）。

假定所有安全控制措施均到位且其他条件不变，则：

R 值：R = MES = 1 × 6 × 8 = 48。

对照表表 3-5，R = 48，现实风险程度为四级（蓝色级）。

补充说明：

① MES 法虽然有点粗略，但却是对安全风险点进行风险评价最简单、最容易掌握的一种评价方法，也是企业风险分级管控初级阶段推荐使用的一种方法。

② 四色安全风险空间分布图是基于各安全风险点的固有风险结果确定的，是假定企业在没有采取任何防控措施的前提下得出的计算结果，M 值相对固定，均取 5，变化的主要是 E 值和 S 值。

③ 如果要做得更细一些，也可以用此评价方法，对安全风险点各危险源的固有和现实风险进行评价。

仍然以丙烷站为例，假定选取的危险源为燃气管道，危险有害因素为安全阀不能正常开启，导致管道破裂，造成丙烷气泄漏。而企业已经采取的安全措施包括定期校验安全阀，安全阀切断阀处于常开状态，设置了可燃气体检测报警仪并与防爆风机、紧急切断阀联锁，制定了管道破裂的专项应急预案或现场处置方案并定期演练，我们对其现实风险进行风险评价，见表 3-6。

表 3-6　丙烷站燃气管道现实安全风险评价示例表

安全风险点名称：丙烷站										
序号	风险点名称	危险有害因素	事故后果	事故类别	已采取的风险控制措施	M值	E值	S值	R值	风险等级	补充措施
1	燃气管道	安全阀不能正常开启，导致管道破裂，丙烷气泄漏	人员死亡	火灾、其他爆炸、中毒和窒息	（1）安全阀、压力表定期校验合格。（2）设置了可燃气体检测报警仪并与风机、快速切断阀联锁。（3）编制了丙烷气体泄漏专项应急预案并定期演练	1	6	8	48	四级	无

续表

安全风险点名称：丙烷站										
序号	风险点名称	危险有害因素	事故后果	事故类别	已采取的风险控制措施	M值	E值	S值	R值	风险等级	补充措施
2	燃气管道	管道焊接质量不合格，导致管道破裂，丙烷气泄漏	人员死亡	火灾、其他爆炸、中毒和窒息	（1）安全阀、压力表定期校验合格。（2）设置了可燃气体检测报警仪并与风机、快速切断阀联锁。（3）编制了丙烷气体泄漏专项应急预案并定期演练	3	6	8	144	二级	（1）焊接后和定期对管道焊接部位进行探伤检测。（2）安装压力表。（3）对管道进行定期防腐

2. 风险矩阵法（LS 法）

风险矩阵法（简称 LS），$R = L \times S$，其中 R 是危险性（也称风险度），是事故发生的可能性与事件后果的结合，L 是事故发生的可能性；S 是事故后果严重性。R 值越大，说明被评价对象危险性大、风险大，见表 3-7 ~ 表 3-10。

表 3-7　事故发生的可能性（L）判断准则

等级	标　　准
5	在现场没有采取防范、监测、保护、控制措施，或危害的发生不能被发现（没有监测系统），或在正常情况下经常发生此类事故或事件
4	危害的发生不容易被发现，现场没有检测系统，也未发生过任何监测，或在现场有控制措施，但未有效执行或控制措施不当，或危害发生或预期情况下发生
3	没有保护措施（如没有保护装置、没有个人防护用品等），或未严格按操作程序执行，或危害的发生容易被发现（现场有监测系统），或曾经作过监测，或过去曾经发生类似事故或事件
2	危害一旦发生能及时发现，并定期进行监测，或现场有防范控制措施，并能有效执行，或过去偶尔发生事故或事件
1	有充分、有效的防范、控制、监测、保护措施，或员工安全卫生意识相当高，严格执行操作规程。极不可能发生事故或事件

表 3-8　事件后果严重性（S）判别准则

等级	法律、法规及其他要求	人员	直接经济损失	停工	企业形象
5	违反法律、法规和标准	死亡	100 万元以上	部分装置（>2 套）或设备	重大国际、国内影响
4	潜在违反法规和标准	丧失劳动能力	50 万元以上	2 套装置停工、或设备停工	行业内、省内影响

续表

等级	法律、法规及其他要求	人员	直接经济损失	停工	企业形象
3	不符合上级公司或行业的安全方针、制度、规定等	截肢、骨折、听力丧失、慢性病	1万元以上	1套装置停工或设备	地区影响
2	不符合企业的安全操作程序、规定	轻微受伤、间歇不舒服	1万元以下	受影响不大，几乎不停工	公司及周边范围
1	完全符合	无伤亡	无损失	没有停工	形象没有受损

表 3-9　安全风险等级判定准则（R值）及控制措施

风险值	风险等级		应采取的行动/控制措施	实施期限
20~25	1级	极其危险	在采取措施降低危害前，不能继续作业，对改进措施进行评估	立刻整改
15~16	2级	高度危险	采取紧急措施降低风险，建立运行控制程序，定期检查、测量及评估	立即或近期整改
9~12	3级	显著危险	可考虑建立目标、建立操作规程，加强培训及沟通	2年内治理
4~8	4~1级	轻度危险	可考虑建立操作规程、作业指导书但需定期检查	有条件、有经费时治理
1-3	4~2级	稍有危险	无需采用控制措施	须保存记录

表 3-10　风险矩阵表

后果等级	5	轻度危险	显著危险	高度危险	极其危险	极其危险
	4	轻度危险	轻度危险	显著危险	高度危险	极其危险
	3	轻度危险	轻度危险	显著危险	显著危险	高度危险
	2	稍有危险	轻度危险	轻度危险	轻度危险	显著危险
	1	稍有危险	稍有危险	轻度危险	轻度危险	轻度危险
		1	2	3	4	5
		事故发生的可能性等级				

3. 作业条件危险性分析评价法（LEC法）

作业条件危险性分析评价法（简称LEC）。L（likelihood）指事故发生的可能性，E（exposure）指人员暴露于危险环境中的频繁程度，C（consequence）指一旦发生事故可能造成的后果，这是评价作业危险性常用的方法。给三种因素的不同等级分别赋值，再以三个分值的乘积D（danger）危险性来评价作业条件危险性的大小，即：$D = L \times E \times C$。D值越大，说明该作业活动危险性越大、风险越大，见表3-11~表3-14。

表 3-11　事故事件发生的可能性（L）判断准则

分值	事故、事件或偏差发生的可能性
10	完全可以预料
6	相当可能；或危害的发生不能被发现（没有监测系统）；或在现场没有采取防范、监测、保护、控制措施；或在正常情况下经常发生此类事故、事件或偏差
3	可能，但不经常；或危害的发生不容易被发现；现场没有检测系统或保护措施（如没有保护装置、没有个人防护用品等），也未做过任何监测；或未严格按操作规程执行；或在现场有控制措施，但未有效执行或控制措施不当；或危害在预期情况下发生
1	可能性小，完全意外；或危害的发生容易被发现；现场有监测系统或曾经作过监测；或过去曾经发生类似事故、事件或偏差；或在异常情况下发生过类似事故、事件或偏差
0.5	很不可能，可以设想；危害一旦发生能及时发现，并能定期进行监测
0.2	极不可能；有充分、有效的防范、控制、监测、保护措施；或员工安全卫生意识相当高，严格执行操作规程
0.1	实际不可能

表 3-12　暴露于危险环境的频繁程度（E）判断准则

分值	频繁程度	分值	频繁程度
10	连续暴露	2	每月一次暴露
6	每天工作时间内暴露	1	每年几次暴露
3	每周一次或偶然暴露	0.5	非常罕见的暴露

表 3-13　发生事故事件偏差产生的后果严重性（C）判别准则

分值	法律法规及其他要求	人员伤亡	直接经济损失（万元）	停工	公司形象
100	严重违反法律法规和标准	10 人以上死亡，或 50 人以上重伤	5 000 以上	公司停产	重大国际、国内影响
40	违反法律法规和标准	3 人以上 10 人以下死亡，或 10 人以上 50 人以下重伤	1 000 以上	装置停工	行业内、省内影响
15	潜在违反法规和标准	3 人以下死亡，或 10 人以下重伤	100 以上	部分装置停工	地区影响
7	不符合上级或行业的安全方针、制度、规定等	丧失劳动力、截肢、骨折、听力丧失、慢性病	10 万以上	部分设备停工	公司及周边范围
2	不符合公司的安全操作程序、规定	轻微受伤、间歇不舒服	1 万以上	1 套设备停工	引人关注，不利于基本的安全卫生要求
1	完全符合	无伤亡	1 万以下	没有停工	形象没有受损

表 3-14 风险等级判定准则及控制措施（D）

风险值	风险等级		应采取的行动/控制措施	实施期限
>320	1 级	极其危险	在采取措施降低危害前，不能继续作业，对改进措施进行评估	立刻
160～320	2 级	高度危险	采取紧急措施降低风险，建立运行控制程序，定期检查、测量及评估	立即或近期整改
70～160	3 级	显著危险	可考虑建立目标、建立操作规程，加强培训及沟通	近期整改
20～70	4-1 级	轻度危险	可考虑建立操作规程、作业指导书，但需定期检查	有条件、有经费时治理
<20	4-2 级	稍有危险	无需采用控制措施，但需保存记录	—

4. 工作危害分析（JHA）法

（1）工作危害分析方法概述。

工作危害分析方法（Job Hazard Analysis，JHA），是一种比较细致的分析作业过程中存在危害的方法。它将一项工作活动分解为相关联的若干个步骤，识别出每个步骤中的危害，并设法控制事故的发生。

这是一种定量的方法，先辨识出工作中的危害，然后根据"风险度 R = 风险发生的概率 L×后果 S"的公式来计算出风险度数值，通过风险度数值大小来确定风险等级，根据风险等级大小补充相应的控制措施。

（2）工作危害分析法各因素取值判定依据（表 3-15、表 3-16）。

表 3-15 危害发生的可能性（L）取值判定依据

分数	偏差发生频率	隐患排查	操作规程或有针对性的管理方案	员工胜任程度（意识、技能、经验）	监测、控制、报警、联锁、补救措施
5	每天、经常发生、几乎每次作业发生	从不按标准检查	没有	不胜任（无任何培训、无任何经验、无上岗资格证）	无任何措施，或有措施从未使用
4	每月发生	很少按标准检查、检查手段单一，走马观花	有，但不完善，但只是偶尔执行	不够胜任（有上岗资格证，但没有接受有效培训）	有措施，但只是一部分，尚不完善
3	每季度发生	经常不按标准检查、检查手段一般	有，比较完善，但只是部分执行	一般胜任（有上岗证，有培训，但经验不足，多次出差错）	防范控制措施比较有效、全面、充分，但经常没有效使用
2	曾经发生	偶尔不按标准检查、检查手段较先进、充分、全面	有，详实、完善，但偶尔不执行	胜任，但偶然出差错	防范控制措施有效、全面、充分，偶尔失去作用或出差错
1	从未发生	严格按检查标准检查、检查手段先进、充分、全面	有详实、完善，而且严格执行	高度胜任（培训充分，经验丰富，安全意识强）	防范控制措施有效、全面、充分

表 3-16　危害及影响后果的严重性（S）取值判定依据

分值	法律、法规及其他要求	人员伤亡	财产损失（万元）	停工	环境污染、资源消耗	公司形象
5	违反法律、法规	发生死亡	>50	主要装置停工	大规模、公司外	重大国内影响
4	潜在违反法规	丧失劳动	>30	主要装置或设备部分停工	企业内严重污染	行业内、省内
3	不符合企业的安全生产方针、制度、规定	6～10级工伤	>10	一般装置或设备停工	企业内范围内中等污染	市内影响
2	不符合企业的操作程序、规定	轻微受伤、间歇不适	<10	受影响不大，几乎不停工	装置范围污染	企业及周边区内影响
1	符合企业的操作程序、规定	无伤亡	无损失	没有停工	无影响	无受损

（3）风险度计算。

风险度等于事故发生可能性与事故后果严重性的乘积，即 $R = L \times S$，见表 3-17。

表 3-17　风险等级判定准则及控制措施

风险度 R	等级		应采取的行动/控制措施	实施期限
20～25	不可容忍	1	在采取措施降低危害前，不能继续作业，对改进措施进行评估	立刻整改
15～16	重大风险	2	制定计划，更改操作规程，降低风险，持续改进	立即或近期整改
9～12	中等	3	可考虑建立目标、建立操作规程，加强培训及沟通	近期整改
4～8	可容忍	4-1	可考虑建立操作规程、作业指导书但需定期检查	有条件、有经费时治理
<4	轻微或可忽略的风险	4-2	无需采用控制措施，但需保存记录	—

子任务 2　风险分级

风险分级是指通过采用风险评价方法对危险源（风险点）存在的风险进行定量或定性评价，根据评价结果得出的风险值对照分级判定标准划分等级，为实现分级管控打基础。通过前面对风险评价方法的学习，我们知道每种风险评价方法都自带风险分级标准，只要完成风险评价工作，风险分级就很明晰了。

技能点 1：阐述风险分级注意事项

在风险评价的同时，对风险点进行分级。风险分级应注意以下几点。

（1）基础管理风险与现场风险分开评价分级。为方便管理，将评价内容分为基础管理风险评价和现场风险评价。

基础管理评价主要指企业安全管理机构管理的资质证书、安全管理制度、教育培训等基础管理内容，在评价分级时，不采用本任务-子任务1中所列评价方法进行评价与分级，只根据相应行业重大隐患判定标准，分为重大风险和一般风险两级：即列入重大隐患的风险点归类为重大风险点，不属于重大风险点的，归入一般风险。

现场风险评价是指，对企业从原材料进厂到产品出厂全部生产经营活动的评价和分级，参照本任务-子任务1所列评价方法开展评价分级。

（2）风险共分4级，危险级别由高到低依次为重大风险、较大风险、一般风险和低风险分别对应红、橙、黄、蓝四色。

重大风险：红色级风险（一级风险）。

较大风险：橙色级风险（二级风险）。

一般风险：黄色级风险（三级风险）。

低风险：蓝色级风险（四级风险）。

值得注意的是上述安全风险评价方法评价结果都是5个等级，其中等级1对应红色级，等级2对应橙色级，等级3对应黄色级，等级4、等级5合并为蓝色级。

（3）评价分级要有针对性、可行性。风险评价分级是为更好管控风险打基础，所以，企业在对安全风险点风险评价分级时，应结合自身固有、现有风险实际，明确事故（事件）发生的可能性、严重性，对照风险分级标准（即风险判定准则）进行风险评价分级。

（4）固有风险级别根据评价结果确定，同时也应参照当地规定进行调整，如云南省应急管理厅印发的《云南省工贸行业企业安全风险源点定性定量判别参考标准指南（试行）》的通知（云应急〔2022〕8号），明确规定了工贸企业不同行业1、2级风险点和部分三级风险点，云南省内工贸行业风险评价定级应参照此指南确定。

（5）应急管理部、住房城乡建设部、交通运输部等部门分别出台了所属行业重大事故隐患判断标准，所属行业企业风险源定级时，所列重大隐患风险点，应判定为1级风险点。如《工贸企业重大事故隐患判定标准》（应急管理部〔2023〕第10号）、《住房城乡建设部关于印发城镇燃气经营安全重大隐患判定标准的通知》（建城规〔2023〕4号）、《道路运输企业和城市客运企业安全生产重大事故隐患判定标准（试行）》（交办运〔2023〕52号）等。

除此之外，以下情形直接判定为重大风险。

① 违反法律、法规及国家标准中强制性条款的。

② 发生过死亡、重伤、重大财产损失事故，或三次及以上轻伤、一般财产损失事故，且现在发生事故的条件依然存在的。

③ 涉及危险化学品重大危险源的。

④ 具有中毒、爆炸、火灾等危险的场所，作业人员在10人及以上的。

⑤ 一个风险点多个危险源时风险等级的确定：每个危险源的风险等级可能不同，对风险点的风险分级应按照该风险点所包含的所有危险源的最大风险级别进行定级。

技能点 2：绘制风险分级四色图

企业应当将全部作业单元网格化，将各网格风险等级在厂区平面布置图中用红、橙、黄、蓝四种颜色标示，形成安全风险四色分布图。当遇到多层建筑或操作平台风险标注位置重叠时，可以分别绘制各层面安全风险四色分布图。如技术可行，企业可以运用空间立体布置图进行标示。各网格风险等级按网格内各项危险有害因素的最高等级确定。

企业的整体安全风险等级按各网格的最高等级确定。

例如：某企业的安全风险四色分布如图 3-2 所示。其中，装置区的网格风险等级为一级（重大风险），即该网格内必然有安全风险等级为一级的危险有害因素。因装置区、甲类罐区等网格风险等级为一级，企业的整体安全风险等级也就为一级。

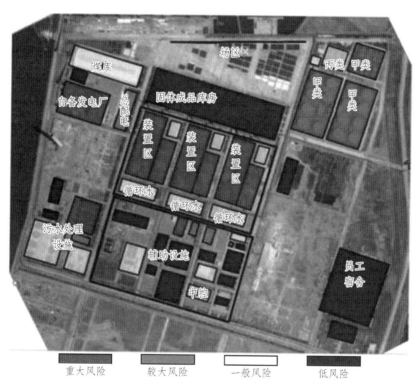

图 3-2 某企业安全风险四色分布图

任务 3 风险分级管控

风险分级管控是指根据各风险点风险评价的结果，按照风险不同等级、所需管控资源、管控能力、管控措施复杂及难易程度等因素而确定不同管控层级的风险管控方式，这一管控方式主要通过管控责任划分，解决生产经营单位"管不到"的问题。

子任务 1　把握安全风险管控的原则和策略

为了做好风险管控，应了解并掌握风险管控的基本原则，在遵循该原则的前提下，进行风险管控。

技能点 1：掌握安全风险管控原则

1. 闭环控制原则

风险管理体系所遵循的运行原则就是 PDCA 循环的闭环管理原则。PDCA 闭环管理就是指进行任何一项工作（活动或项目等），都要遵循 Plan（计划）、Do（执行）、Check（检查）和 Action（处理）工作模式，从而不断发现问题，总结经验教训，做到持续改进。事实上，风险管理就是一个 PDCA 闭环管理的过程，经过风险管理"三部曲"——危害因素辨识、风险评估及风险防控措施，达到有效防控风险的目的并通过总结回顾，做到持续改进。其中，风险防控是 PDCA 循环中的环节之一，只有通过风险防控环节，才能对需要控制的风险制定相应措施，并进行控制；否则，就不能够达到风险防控的目的。

2. 动态控制原则

风险管理具有系统性、结构性和时效性，因此必须根据时间、空间等各种变化变更情况，对随时可能出现的新增风险加以识别与防控，这就是风险的动态控制。正是因为风险管理的主动性、超前性和预防性，存在着事前预测的准确性以及对变化情况的应对问题。因为我们要在事故发生之前，采取预防措施防止事故的发生，而能否防范事故的发生，核心问题是能否准确预测将要发生的事故。惟其如此，才能够有的放矢，采取相应措施，做到水来土掩、兵来将挡，达到事故防控的目的。

另外，世间万物都是不断变化的，都可能会因为时间、空间等方面的变化，而发生新的意料不到的情况。因此，要有效防范事故的发生，在风险管理活动中，要格外强调风险管理的动态性，要根据事物的发展变化，及时调整应对措施。

3. 分级管控原则

在风险评估环节，通过对辨识出的危害因素进行风险评估，把危害因素的风险程度分为重大、较大、一般和低等几个不同的层级，其目的就是针对不同风险程度的危害因素进行分级管理，以达到有效防控风险的目的。在风险防控环节，针对不同风险程度的危害因素，因"事"制宜，采取不同的风险防控措施。针对重大风险的危害因素的管控，必须投入足够多的人、财、物力资源，一方面要尽可能做到严防死守，尽最大努力避免乃至杜绝由此类危害因素引发的重特大事故的发生；另一方面，还要强化对此类重特大事故的应急管理，最大限度地降低事故损失。当然，上述措施仅仅是针对重大风险的危害因素，如果把此类防控措施滥用于所有层级风险的防控，不仅可能会因为入不敷出，造成经济效益方面的不合理，而且还可能因为不分主次、胡子眉毛一把抓，造成工作负荷过重而防不胜防，也不能达到应有的风险防控目的。因此，要做好风险管理工作，必须根据危害因素的风险严重程度，对其进行分级管理。

实施风险分级管控是开展风险分级的目的，风险分级是实施风险分级管控的前提。风险评价量化了风险的大小，风险分级明晰了不同风险之间的差异：危险源不同，管控的难度不同，管控的措施不同，这决定了管控的层级也应不同。

安全风险分级管控应当遵循固有安全风险越高、管控层级越高的原则，对操作难度大、技术含量高、固有风险等级高、可能导致严重后果的设施、部位、场所、区域以及作业活动应重点管控。

企业应当结合本单位机构设置和管理层级情况，合理确定各级风险的管控层级。上一级负责管控的风险，下一级必须同时负责管控，并逐级落实具体措施。

例如：风险分级管控的层级可划分为公司级、分厂级、工段级和班组级四个级别。如公司级，应管控全公司一级安全风险点；分厂级应管控该分厂一、二级安全风险点；工段级应管控该工段一、二、三级安全风险点；班组级应管控该班组一、二、三、四级安全风险点。各级应针对管控对象和范围，确定风险点管控责任人。企业管控的级别不一定必须与风险级别一致，不必一定分为四级。有些小微企业，组织机构和业务都较简单，企业管控的级别可分为公司级、车间级和班组级。

企业固有风险不论是一级、二级或是三级，实施风管控措施后，其现实风险降为低风险（四级）时可以接受。但企业现实风险如果为重大风险（一级）、较大风险（二级）或一般风险（三级），说明该风险点的管控措施是不足的或是失效的，必须立即采取管控措施消除或减弱其风险程度。

技能点 2：掌握安全风险管控策略

风险管控策略是指针对不同程度、类型或性质的风险，分别采取不同类型的防控措施，以达到相应的风险防控目的。风险管控策略可分为宏观控制与微观控制两种情况。这里仅从微观控制的角度探讨风险的管控策略。对不同类型风险的处置一般包括：风险规避、风险控制、风险保留以及风险分担等（见表 3-18）。

表 3-18　几种典型风险处置策略

序号	名称	特点	案例
1	风险规避	取消、放弃，一般是比较消极方式	因某项目风险太大而放弃
2	风险控制	采取风险防控措施，降低风险程度	采取消除、替代、工程控制、管理控制及自我防护（PPE）等
3	风险保留	保留、承担，对可接受风险处理方式	经过风险削减控制，把风险降低到可接受程度后
4	风险分担	转嫁、转移、分担	企业财产的投保；保险公司再保险等

风险规避：为避免某种风险，在经过对该危害因素评价之后，采取的不参与或撤销等较为保守的管理决定，有意识地终止该风险所涉及的活动或操作等，以达到避免该特定风险的目的。这是一种保守的风险处置方式。例如，某项活动所涉及的一个危害因素风险程度很高，即使经过对其防控，其风险程度仍然无法降低到可接受水平，为避免该危害因素带来的严重后果，决定放弃该项活动，从而避免该危害因素可能造成的严重后果。

风险控制：改变风险程度所采取的措施，其中既包括减少发生的概率，也包括降低后果严重程度。

风险保留：从特定风险中接受潜在收益或损失。风险保留包括对已进行风险处置后剩余风险的接受，被保留风险的等级取决于风险准则。一般情况下，经过风险处置后的危害因素的风险程度降低至可接受的程度，对剩余的风险就可以接受了。这种对剩余风险的接受就是风险保留。

风险分担：风险分担是指与他方分担风险的一种风险处置方式；风险转移是指通过合法手段将风险从一个组织转移到另一个组织。如购买保险就是一种典型的风险分担或转移的处置方式，通过购买保险降低风险严重程度。

风险规避是逃避风险的一种保守方式，而风险分担或转移是转嫁风险的一种方法。虽然这两种方式对组织而言其承担的风险都发生了变化，但它们都没有触及风险自身的实质问题。风险控制是对风险自身严重程度的改变，意味着处置、降低风险。

子任务 2 运用风险管控措施

技能点 1：阐述风险管控措施类型及含义

风险控制措施是指为将风险降低至可接受程度，企业采取的相应控制措施。风险控制措施包括：工程技术措施、安全管理措施、培训教育措施、个体防护措施、应急处置措施。

工程技术措施，主要指工程设计、选址、安装等方面的措施。比如本质安全设计、防震防噪声设计、密封设计、防爆设计，设备改良、替代等。工程技术措施是企业在"三同时"阶段最应关注的措施，这一措施往往能从根本上降低风险或消除隐患。比如为已建液氨罐实现氨气泄漏监测报警仪与喷淋设施的连锁。

安全管理措施，是通过管理的手段，建立健全并落实各种规章制度，层层压实全员安全责任，实现生产安全的一种措施。它既是工程技术措施落实的支撑，又是工程技术措施的有效补充。例如通过安全管理制度和操作规程保障设备设施和场所处于良好状态；又比如，当工程技术措施出现缺陷时，通过停用和风险告知等管理措施，避免事故的发生。

培训教育措施、个体防护措施、应急处置措施是安全管理诸多内容中的三个重要方面，因其在保障安全、减少和降低事故伤害中极其重要，所以单独列出。

工程技术措施、安全管理措施、培训教育措施、个体防护措施、应急处置措施这五类措施代表风险管控的不同方面，对于不同的风险点，往往根据具体情况，同时考虑这五方面的具体措施，不可替代。比如，将带式输送机作为一个风险点，其防护附件、防跑偏、急停措施等是其工程技术措施；安全警示牌、巡查记录等是其安全管理措施；风险和操作规程教育培训是培训教育措施；巡查或操作人员穿戴防护服等是其个人防护措施；带式输送机附近配备灭火器等应急物资，是其应急处置措施。

技能点 2：认识不同类型风险管控措施的特点

1. 工程安全技术措施

工程安全技术措施是指运用工程技术手段消除物的不安全因素，实现生产工艺和机械设备等生产条件本质安全的措施。工程安全技术措施的实施等级顺序是直接安全技术措施、间接安全技术措施，指示性安全技术措施；根据等级顺序的要求应遵循的具体原则，按消除、预防、减弱、隔离、连锁、警告的等级顺序选择安全技术措施；工程安全技术措施应具有针对性、可操作性和经济合理性并符合国家有关法规、标准和设计规范的规定。

根据工程安全技术措施等级顺序的要求，应遵循以下具体原则。

（1）消除。

尽可能从根本上消除危险、有害因素，如采用无害化工艺技术，生产中以无害物质代替有害物质、实现自动化作业、遥控技术等。例如用压气或液压系统代替电力系统，防止发生电气事故；用液压系统代替压气系统，避免压力容器、管路破裂造成冲击波；用不燃性材料代替可燃性材料，防止发生火灾。但需注意的是有时采取措施消除了某种危险源，却又可能带来新的危险源。例如，用压气系统代替电力系统可以防止电气事故发生，但是压气系统却可能发生物理爆炸事故。

（2）预防。

当消除危险、有害因素有困难时，可采取预防性技术措施，预防危险、危害的发生，如使用安全阀、安全屏护、电保护装置、安全电压、熔断器、防爆膜、事故排放装置等故障—安全设计。它是一种能在系统、设备的一部分发生故障或破坏的情况下，在一定时间内也能保证安全的安全技术措施。一般来说，通过精心的技术设计，使系统、设备发生故障时处于低能量状态，防止能量意外释放。例如，电气系统中的熔断器就是典型的故障—安全设计，当系统过负荷时熔断器熔断、把电路断开而保证安全。尽管故障—安全设计是一种有效的安全技术措施，但考虑到故障—安全设计本身可能因故障而不起作用，所以，选择安全技术措施时不应优先采用这种设计。

（3）减弱。

受技术和经济条件限制，有些危险源不能被彻底根除，这时应想办法减少其拥有的能量或危险物质的量，以减弱其危险性。具体可以采用以下方法。

① 减少能量或危险物质的量。例如在必须使用电力时，采用低电压防止触电；在使用可燃气体的场所，通过限制可燃性气体浓度，使其达不到爆炸极限；在有化学物质反应的场所，控制化学反应速度，防止产生过多的热或过高的压力等。

② 防止能量蓄积。能量蓄积会使危险源拥有的能量增加，从而增加发生事故和造成损失的危险性。采取措施防止能量蓄积，可以避免能量意外释放。例如：利用金属喷层或导电涂层防止静电蓄积；控制工艺参数，如温度、压力、流量等。

③ 安全地释放能量。在可能发生能量蓄积或能量意外释放的场合，人为地开辟能量泄放渠道，安全地释放能量。例如：压力容器上安装安全阀、破裂片等，防止容器内部能量蓄积；在有爆炸危险的建筑物上设置泄压窗，防止爆炸摧毁建筑物；电气系统设置接地保护；设施、建筑物安装避雷保护装置等。

（4）隔离。

这是一种常用的控制能量或危险物质的安全技术措施，既可用于防止事故发生，也可用于避免或减少事故损失。预防事故发生的隔离措施有分离和屏蔽两种。前者是指时间上或空间上的分离，防止一旦相遇则可能产生或释放能量或危险物质的相遇；后者是指利用物理的屏蔽措施约束能量或危险物质。一般来说，屏蔽较分离更可靠，因而得到广泛应用，其主要作用是把不能共存的物质分开，防止产生新的能量或危险物质。例如：把燃烧三要素中的任何一种要素与其余的要素分开，防止发生火灾。约束能量或危险物质在某一范围，防止其意外释放。例如：在带电体外部加上绝缘物，防止漏电，防止员工接触带电体。通常把这些措施称为安全防护装置。例如：利用防护罩、防护栅等，把设备的转动部件、高温热源或危险区域屏蔽起来。

（5）连锁。

连锁是通过精心设计，当操作者失误或设备运行一旦达到危险状态时，使员工不能发生失误或者发生失误也不会带来事故等严重后果的设计。如：利用不同的外形或尺寸防止安装、连接操纵失误；采用连锁装置防止员工误操作等具体方法终止危险、危害发生。

（6）警告。

警告是提醒人们留意的主要方法，它让人把注意力集中于可能会出现的危险，也可以提示人调用自己的知识和经验。可以通过人的各种感官实现警告，相应地有视觉警告、听觉警告、触觉警告和味觉警告。其中，视觉警告、听觉警告应用得最多。

此外，还应考虑避难与救援措施。事故发生后，应该努力采取措施控制事态的发展，但是，当判明事态已经发展到不可控制的地步时，则应迅速避难，撤离危险区。为了满足事故发生时的应急需要，要充分考虑发生事故时的员工避难和救援问题（采取隔离措施保护员工，如设置避难场所等），使员工能迅速撤离危险区域（如：规定撤退路线等）。假如危险区域里的员工无法逃脱，也能够被援救人员搭救。同时，为了在发生事故时员工能够迅速地脱离危险区域，事前应该做好应急计划并且平时应该进行应急演练。

2. 安全管理措施

安全管理措施往往在风险管控工作方面受到忽视，即使有也是老生常谈式地提高安全意识、加强培训教育和加强安全检查等几种。其实，管理措施往往能系统性地解决很多普遍和长期存在的隐患，这就需要在实施风险管控措施时，主动地和有意识地研究分析隐患产生原因中的管理因素，发现和掌握其管理规律，通过修订有关规章制度和操作规程并贯彻执行，从根本上解决问题。安全管理措施的具体内容主要包括以下几点。

（1）有计划地开展风险管控工作。无论是企业总体的风险管控工作，还是一个具体的风险管控工作，都需要有计划地开展工作，以确保安全。因此制订安全管理措施时首先要制订风险管控计划。制订计划时要考虑"过去、现在、未来"三个时期，总结过去的经验，制订好当前风险管控计划，对未来类似风险如何预防。这些内容都应该涵盖在计划中。

（2）配备相应的治理及监督人员。在管理措施中明确风险管控及监督的人员及职责，确保配备的人员有能力开展该风险管控工作。

（3）配备相应的资金和设备等。在具体的风险管控过程中，应严格审核风险管控所需要的资金和相应的设备物资等，虽然应风险管控成本，但要保障风险管控工作资金充足。

（4）风险管控制度及相关技术文件的完善。通过风险辨识工作，发现制度和文件中的缺陷，将风险管控的具体措施，应用于指导生产计划、作业规程、操作规程、灾害预防与处理计划、应急救援预案及安全技术措施等技术文件和有关制度的编制和完善。

（5）安全教育培训，提高员工的素质。通过适当的教育、培训或实践等方式，将风险管控措施融入企业安全生产的每个工作流程中，确保每个员工都掌握与本岗位相关的风险管控措施，具备风险管控的能力。

（6）安全互助体系。建立员工安全互助体系，使员工之间做到相互学习、相互监督、相互约束、相互帮助，共同实现安全作业。

（7）现场环境管理。物态环境越好，生产安全事故发生的可能性越小。因此做好基本生产环境管理也是风险管控的重要措施。

（8）安全文化。在制定风险管控措施的时候，尤其是针对重大风险和经常重复出现的隐患，应该考虑在安全文化方面制定措施，使该类风险管控措施深入人心，使员工能够自觉、主动地预防该类安全风险。

（9）风险转移。风险转移是对风险造成的损失的承担的转移，例如：为员工购买工伤保险就是一种风险转移，当员工在工作中遭受意外伤害导致暂时或永久丧失劳动能力甚至死亡时，该员工或其家属就可以获得相应的补偿。安全生产法明确规定："国家鼓励生产经营单位投保安全生产责任保险；属于国家规定的高危行业、领域的生产经营单位，应当投保安全责任保险。"

（10）应急训练。通过应急训练可以提升员工安全决策的响应速度和决策质量，从而提升员工行为的可靠性程度。应急训练可采取模拟培训、应急演练、岗位技能竞赛等方式进行。

3. 个体防护措施

在风险管控过程中，如果工程控制措施不能消除或减弱危险有害因素或处置异常或紧急情况或者当发生变更但控制措施还没有及时到位时，应考虑制定并实施个体防护措施。个体防护措施主要是佩戴各类相应个体防护用品。个人防护用品是指劳动者在劳动过程中为免遭或者减轻事故伤害和职业危害所配备的防护装备，包括防护服、耳塞、听力防护罩、防护眼镜、防护手套、绝缘鞋、呼吸器等。

正确使用劳动防护用品是保障从业人员人身安全的最后一道防线，也是保障企业安全生产的基础。《中华人民共和国安全生产法》与《中华人民共和国职业病防治法》中都规定，生产经营单位必须为从业人员提供符合国家标准或者行业标准的劳动防护用品，监督、教育从业人员按照使用规则佩戴使用。在制定个体防护措施时，应保证员工的个体防护用品佩戴齐全有效。

4. 应急处置措施

要求企业在进行风险管控时，应制定相应的应急处置措施和应急预案，以提高企业应对"现实风险"的能力。若在生产过程中出现事故，能做到最大限度地减少人员伤亡、财产损失、环境损害和社会影响。

针对不同事故应急处置措施各不相同，通用应急处置措施案例如下。

（1）发生事故后，立即将事故情况报告给企业应急指挥中心（企业生产调度指挥中心）。

（2）指挥中心迅速了解事故的发生位置、波及范围、人员伤亡及其他基本情况。

（3）指挥中心立即通知医院，并按事故汇报流程汇报企业相关领导和有关部门负责人。

（4）指挥中心立即安排具体的应急处置工作，如安排现场采取施救措施，安排有关人员撤离等。

（5）指挥中心人员到位后，按照指挥中心的命令和应急预案执行应急处置措施。

（6）抢救伤员时，必须判断伤势轻重，按照"三先三后"的原则处理：一是对窒息或心跳呼吸刚停止不久的伤员，必须先复苏，后搬运；二是对于出血的伤员，必须先止血，后搬运；三是对于骨折的伤员，必须先固定，后搬运。

（7）为救灾供应所需的应急物资和设备。

（8）每一生产班组至少任命两名经过培训的专（兼）职急救员，急救员名单应在本单位张贴、公布，以保证在现场作业的班组都有急救员。每年至少有10%的员工接受急救培训，逐步使所有员工通过急救员培训。

（9）在所有重点作业场所配置急救箱，急救箱应放置在无淋水、方便取用的位置并进行标识；急救箱内保存一份急救用品清单，由专人定期检查，保证医疗器械、药品的完好齐全；相关管理人员有急救箱配置分布图及急救用品明细表；有急救用品使用记录，并定期对使用记录进行分析，可以查找受伤害原因。

技能点3：恰当选择安全风险防控措施类型

通过风险防控措施层级分析可以看出，在制定风险防控措施时，有多种类型防控措施可供我们选用。但面对众多风险防控措施，我们如何才能实现"合理、实际且尽可能低"的目标？做到既不过控也不失控，达到有效进行风险防控的目的？对于后果严重的重特大事故风险的防控，应严格按照风险防控措施的强弱层级（先后次序），由高到低有序选择风险防控措施，尽可能就高不就低。必要时应根据具体情况，采取各层级措施相互配合，形成立式防护网络，做到万无一失；对于一般性风险的防控，应在充分考虑风险防控层级的情况下，通过费用、效益综合评估，在满足风险控制要求的情况下，选取"性价比"高的防控措施，把风险控制在"合理、实际且尽可能低"的水平，从而达到控制风险的目的。

遵照风险防控措施的强弱层级原则，在制定风险防控措施时，应优先考虑第一层级的风险防控措施，即对能消除的危害因素应尽可能消除，这样才能够从根本上杜绝事故的发生，做到一劳永逸。例如，针对人的违章行为导致事故发生的案例，由于人的违章行为是完全可以消除的危害因素，因此要防范因人的违章行为导致事故发生的根源——人的不安全行为，不仅是可行的，而且是必要的，是治本的上策。在针对人的违章这一危害因素制定防控措施时，最好的办法就是通过加强教育、培训，强化监督检查，奖遵章罚违纪，培育良好安全文化等一系列措施，提高人们的安全意识，使人们由"要我安全"向"我要安全"转化，从而减少并最终杜绝违章行为的发生，这才是防控由于人的不安全行为所引发事故的正确之道。对于无法消除或消除代价过高的危害因素，应按照风险防控措施层级的先后次序，在考虑实施费用的情况下，能够采取"替代"或"减少"层级的措施，就应首先考虑采取"替代"或"减少"层级的措施进行风险控制。因为除了"消除"外，"替代"或"减少"层级的措施，风险控制力度最大。当然，如果无法采取"替代"或"减少"层级的措施，接下来再考虑采取"工程控制"层级措施，因为"工程控制"层级措施的风险防控力度仅次于"替代"或"减少"层级的措施；如果无法采取"工程控制"层级措施，再考虑采取"管理控制"层级措施。目前在风险管理工作中，绝大多数风险防控措施都是管理层级的措施，需要进行风险防控时，人们首先想到的是制定几条"注意事项"或"安全措施"，可以说，"管理控制"层级的措施是应用最广泛的。需要指出的是，必须慎重考虑采取"管理控制"层级措施，因为其不仅层级较低，防控力度不强，而且鉴于当前员工安全意识比较淡薄，人们不愿执行所制定的这些措施。因此，"管理控制"措施的风险防控效果并不尽如人意。

对于发生概率较高且后果严重的重大及以上风险的防控，应在对实施费用与可能造成的损失进行综合评估的情况下，考虑多重措施相互叠加，以强化风险的防控作用。如对一种高风险的危害因素，在不能"消除"的情况下，应考虑"替代"或"减少"措施；如风险水平仍然过高，应考虑采取"工程控制"。与此同时，还应叠加相应"管理控制"措施，并使进入现场人员佩戴个人防护用品（PPE），形成多层级、立体化防控措施网络，最终把风险控制在"合理、实际且尽可能低"的水平。对于PPE的使用，并不能够防控事故的发生，只是减缓事故发生对佩戴者的伤害而已，因此，一般不把其当作一个独立的风险防控层级单独使用，而是把它与其他防控措施一起叠加使用。无论作业现场采取了何种风险防控措施，进入作业现场的人员都要佩戴相应的个人防护用品，以起到对佩戴者的保护作用。

风险防控措施的制定是风险管理最重要环节之一，前期的危害因素辨识与风险评估，最后都要通过该环节所制定的措施加以落实；措施的有效与否，直接关系到风险管理的效果。因此，要做好风险管理，一定要对风险防控措施的制定予以足够重视，采用科学方法制定出切实可行、行之有效的风险防控措施，才能达到风险管理的最终目的。

技能点4：制定安全风险防控措施的注意事项

除了上述应重视的几种情况之外，在风险防控措施制定方面，根据在日常风险管理中的一些薄弱环节及常见问题，还应特别注意以下几个方面的问题。

1. 尽可能减少"管理控制"措施的使用

从前面对风险防控措施层级分析可知，风险防控措施分几个层级，它们对风险的防控具有不同的力度，选择面也比较宽泛。尽管有多种类型、性质的风险防控措施可供选择，但目前人们在制定风险防控措施时，大多局限于"管理控制"层级范畴。例如，但凡需要制定风险防控措施，人们马上就会想到或罗列一些安全注意事项，或拟定一个工作程序作为行为规范，以约束当事人，从而达到风险防控的目的。这种方式固然无可非议，但事实上，此类措施属于风险防控层级较低的措施，其上面尚有"消除""替代、减少""工程控制"等层级的措施可供选择。"管理控制"型风险防控措施控制的是人，而人不同于机器，是思维高度发达、具有主观能动性的高等动物，虽然有制度、规范、程序等各种约束，但同时人们都有自己的行为习惯与做事方式。因此，实施"管理控制"层级的风险防控措施效果并不理想，在我们国家尤为如此。这一点应引起我们管理人员的高度重视。

2. 注意做好"管理控制"措施的制定、评审、宣贯与落实

如前所述，虽然"管理控制"的风险防控措施并不是最佳选择，但它却是最为普遍的措施，这种局面在短期内也很难改观。在现阶段，如何使"管理控制"的作用得到最大限度的发挥，对做好安全管理工作至关重要，也是我们必须面对的关键问题。要发挥好"管理控制"的作用，除了制定好措施之外，还必须抓好措施的宣贯与落实。事实上，措施从制定到落实的过程，与一部法律、法规的出台到执行，具有相似的流程，都要经过"立法""普法"及"执法"三个阶段。

要"依法办事"，就要先"立法"，做到"有法可依"。具体到安全生产管理工作要实现安全生产，首先就要具有规范安全生产的工作程序、操作规程等实现安全生产的行为规范。需要注意的是，安全生产方面的制度、规程与法律、法规有所不同；每项真正的立法活动都有多方面专家参与，立法过程周密而慎重。安全管理方面，制度、标准尤其是措施、规程等的编制质量、可操作性必须引起足够的重视。首先，要有正确的态度、明确的目的，制度、标准、措施、规程等应是为规范作业活动而制定，不能是为迎合上级要求、应付各种检查等而制定，否则就是摆设，徒劳无益。其次，制度、规程、标准、措施等的制定应科学、合理，能够起到应有作用。同时，也要结合

实际，不能要求太低，不然就失去了意义；也不能要求过高，否则会因"法不责众"而丧失其存在价值。最后，制度、措施等的编制语言应言简意赅、通俗易懂，符合大众口味，内容上也应简明扼要，避免臃肿、烦琐。总之，必须注意"立法"的质量，使出台的操作规程、管理规定以及风险防控措施等具有可操作性。否则，就会因为其不可操作而被弃之不用，失去应有的防范作用。

要注意做好"管理型"控制措施的评审工作。该环节在实际工作中是最容易被忽略的，也是"管理型"控制措施得不到贯彻落实的最主要原因之一。对风险控制措施的评审实质上就是在进行"衍生（隐患）类危害因素辨识"，就是在辨识风险控制措施自身的缺陷、漏洞。评审时，不仅要评估措施的有效性、充分性，还要评估是否会产生新的风险，"剩余风险"能否被接受，以及措施的复杂程度、可操作性，是否需要特殊形式的培训，能否得以有效落实等。

要做到"依法行事"，单是"立了法"还远未完结，还要进行深入细致的"普法"教育工作，做到家喻户晓、人尽皆知。因为只有"知法"方能"守法"，否则，就会出现因无知而无畏的"法盲"。

具体到安全生产管理方面，就是通过安全生产教育、培训，把已制定的规章制度、操作规程、工作程序等进行宣贯、培训。不仅要告知规章、规程的重要性，还要使大家清楚明白，所制定的规程、制度是什么，这些规程、程序应如何操作等。因为只有所制定的规程、制度等为大家所掌握，才有可能被应用到工作中去，发挥其应有作用。否则，即使健全了制度、规程，如果不进行宣贯培训，或培训不到位，或培训效果不佳等，员工不知道有相应的制度存在，或不知道规程、程序如何操作，这些规程、制度也就失去了相应的价值和意义，更达不到防控风险的目的。

有这样一个真实案例：某企业发生一起人亡事故，认定事故发生的原因是员工违章，员工没有按照操作规程去操作。进一步调查分析却发现，该操作规程只是在颁布时传达过一次就被束之高阁，日后再无培训、宣贯，从而导致规程虽然存在，但绝大多数员工并不真正掌握。不明白、不掌握，怎么去执行、去落实？正如普法教育是公民守法的重要一环一样，对规程、制度的有效培训，使相关人员（使用者）能够清楚明白规程、制度对确保安全生产的重要性，能够清楚明白规程、制度如何执行等，惟其如此，广大员工才有可能遵章守纪，按规程作业；否则，即使建立、健全了安全生产的规章制度，各种常规作业都制定了操作规程，非常规作业也都有风险防控措施，但由于缺乏必要的培训，所制定的过程、措施并不能为广大员工所掌握，再完善的制度、再科学的规程都会失去其存在的价值，也就谈不上照章办事、遵章守纪！

目前，诸如此类的现象比较普遍：企业规程、制度基本健全，但由于要么没有进行培训，要么培训效果差，很多规程、制度形同虚设，流于形式，并没有起到应有的作用，这一点应引起我们的高度重视。为改变这一现状，企业领导要认识到培训工作的重要性，只有这样才能够为培训工作提供足够的人财物力支持。关于培训工作的重要性，日本著名企业家松下幸之助曾说过这样一句十分质朴的话：培训很贵，但不培训更贵！因为不培训不仅会导致员工素质低、工作效率低下，还可能因此导致事故发生，带来重大损失。此外，还应构建合理的培训机制，采用科学的方法模式，以提升培训效果。如建立培训的直线责任制，采用培训矩阵等科学的培训管理模式，努力达到应有的培训效果。否则，虽然投入很多，如果方法失当，就会事倍功半，达不到预期效果。

要使法律、法规得到遵守，必须严格执法，做到有法必依、执法必严、违法必究。商鞅变法徙木立信，就是为了提升法令的公信力，做到令行禁止。出台了法律法规，就要执行；否则，即便再好的法令也没有任何意义。为提升公信力，就要做到严格执法、奖罚分明，做到令行禁止。相对于法律、法规，安全生产的规章制度、操作规程的执行情况更需要监督管理。如果民法的当事人犯了法，被侵害方自然会向其提出抗议，乃至诉诸法院；而在安全生产过程中，当事人不按规程作业，违背了劳动纪律，一则与他人无关，不会被举报、提醒，二则也不一定会导致事故的发生（因为事故发生是违章行为的小概率事件）。因此，如果不强化对制度执行力的监督管理，大家就会像过马路闯红灯那样，把出台的制度、规则当作儿戏，不仅使"立法""普法"等工作前功尽弃，到头来也会造成安全生产事故的高发、多发。

在现阶段，我们的安全文化还普遍处于严格监督阶段，这也就意味着，员工对安全理念的认识，还处于"要我安全"的水平上，主动的"我要安全"远未成为大家的自觉需求。在这个阶段，如果缺乏必要的监督管理，大家普遍的做法会选择规避，很少有人会主动接受约束、自觉按规矩办事。因此，要使广大员工做到遵章守纪、按规矩办事，不但要"立法""普法"，还要做好"执法"工作。对员工遵章守纪情况进行严格监督、认真管理，做到有"法"必依、执"法"必严、违"法"必究，设置"光荣榜""曝光台"，遵章守纪者奖，违章违纪者罚。只有这样，才能够确保规章制度操作规程等风险防控措施得到有效落实；否则，即使有规章制度、操作规程等风险防控措施，也做了必要的宣贯、培训，同样会使这些防控措施落空，起不到应有的风险防控作用。对于规章制度、操作规程等风险防控措施执行情况的监督管理，也是我们安全生产管理中的薄弱环节。一些制度、规程出台之后，缺乏有效的监督管理，听之任之，自觉执行者得不到任何鼓励与支持，恣意妄为者也没有受到任何惩戒、处理。一旦这种现象蔓延开来形成一种风气，就会像经济学中的"劣币驱逐良币"那样，使得大家都会逐渐受到侵染，形成不良文化氛围，贻害无穷。

要通过风险管理防范事故的发生，不仅要全面、系统、彻底地辨识危害因素，科学合理地评估风险，并在此基础上制定出防控措施，即"立法"；而且还要通过"普法""执法"等相关环节，使其环环相扣，最终使有效的措施得到落实，才能有效防范事故的发生。任何一个环节出现了问题，都可能会造成前功尽弃，达不到风险管理的应有目的。

通过近些年来大量事故原因的统计分析可以看出，事故发生的原因，无"法"可依几乎没有。常规作业有操作规程，非常规作业有管理规定，只要遵照执行，基本上都可以避免事故的发生。虽然存在着这些规程、规定，但由于要么是"法"的可操作性问题，很难去执行；要么"普法"不到位，不知道执行什么或如何执行；要么是"执法"环节出了问题，大家都有章不循、有法不依。因此，要提高安全生产管理水平，有效防范事故的发生，必须查找出问题所在，即对所出台的制度、规程、措施等进行衍生（隐患）类危害因素的辨识：在此基础上，有的放矢地采取针对性措施，持续改进，否则就很难达到预期目的。

3. 谨防风险防控屏障过多过滥而导致因"过控"造成失控

多设置一些防范屏障，本是有效降低事故发生概率、防控重特大事故的有效措施之一。但如果此类手段被滥用，也会因"过控"造成失控而导致事故的发生。

（1）正如前面所述，事故发生的原因并非无"法"可依，恰恰是由于"法"的数量过多而疲于应付所致。增加防范屏障数量是强化风险防控的一种重要方式，但如果不分轻重缓急，把对所有风险的防范屏障都设置得很多，就会给基层组织增加负担。尤其是当目前许多基层组织安全意识不强，对安全生产并不重视，当防范屏障过多而不堪重负时，可能会导致大家产生厌恶心理，从而使得这些防范屏障在实际工作中名存实亡，由"过控"而导致失控。这种情况已成为一些企业的基层组织事故发生的主要原因。

（2）要解决因"过控"而导致的"失控"问题，应为基层组织创造适宜的工作环境。在确保满足合规性要求的前提下，梳理整合现行管理制度、工具方法，能够整合的一定要整合，应该废止的一律废止，切实为基层减负。在出台新制度、新规定时，要以己所不欲勿施于人的观点进行换位思考，设身处地多为基层组织着想，为其创造措施落实的客观条件。除非是对需要严防死守的重特大事故隐患的防控，应尽可能提升风险防控措施制定的质量，努力做到既简单易行又行之有效；与此同时，还要尽可能减少风险防控屏障的数量，努力为基层组织减轻负担，创造风险防控措施得以执行的良好环境。在确保可行性的前提下，通过加强监督、严格管理，使风险防控措施真正得到落实，从而达到风险防控的最终目的。

风险管理体系的精髓就是 PDCA 闭环管理，就是在总结经验、吸取教训的基础上持续改进。如果我们能够在充分结合企业实际与专业特点的基础上，审慎选择几种行之有效的风险管理工具、方法，一旦选定便持之以恒，坚持不懈推行下去，出现问题就进行改进，改进之后再继续实施，如此循环往复，持续改进，只要大方向正确就没有做不好的道理。这样既能够有效为基层组织减负，也能够使这些工具方法真正发挥作用，达到风险防控的目的。

实际上，一些国外企业之所以成为"百年老店"，与其注重持续改进工作是分不开的。壳牌公司推广"蝴蝶结模型"风险防控工具，几十年如一日，坚持持续改进取得了骄人的业绩；挪威船级社（DNV）的"国际安全风险评级系统（ISRS）"，是 20 世纪七八十年代研发的评价方法，在此后的几十年里，一直坚持推行下来，在应用过程中，既总结经验，也发现问题，并在此基础上持续改进，目前已改进到了第八版，几十年磨一剑，如今不仅已成为了 DNV 响当当的品牌，而且在当今世界安全评估行业广受欢迎，成了行业的精品。

练习题

一、【填空题】

在选择风险管控措施时，尽可能减少＿＿＿＿＿＿＿＿＿措施的使用。

二、【单选题】

1. LEC 法中的 L 是指（ ）。

A. 事故发生的可能性

B. 人员暴露于危险环境中的频繁程度

C. 一旦发生事故可能造成的后果

D. 作业危险性

三、【多选题】

1. 危险源识别方法，一般分（ ）两类。

　　A. 经验法　　　　　　　　　　　B. 事故树

　　C. 系统安全分析方法　　　　　　D. 事件树

2. 《企业伤亡事故分类》（GB 6441—1986）对事故进行分类，综合考虑（ ）等，将事故分为 20 类。

　　A. 起因物　　　　　　　　　　　B. 引起事故的诱导性原因

　　C. 致害物　　　　　　　　　　　D. 伤害方式

3. 注意做好"管理控制"措施的（ ）。

　　A. 制定　　　　　　　　　　　　B. 评审

　　C. 宣贯　　　　　　　　　　　　D. 落实

4. 明确危险源辨识的原则有（ ）。

　　A. 全面性原则　　　　　　　　　B. 系统性原则

　　C. 科学性、预见性原则　　　　　D. "宁滥勿缺"原则

5. 危险源辨识的方法有（ ）。

　　A. 类比法　　　　　　　　　　　B. 经验法

　　C. 系统安全分析法　　　　　　　D. 对照法

6. 危险级别由高到低重大风险、较大风险、一般风险和低风险分别对应（ ）四色。

　　A. 红　　　　　　B. 橙　　　　　　C. 黄　　　　　　D. 蓝

7. 以下情形直接判定为重大风险的是（ ）。

　　A. 涉及危险化学品重大危险源的

　　B. 具有中毒、爆炸、火灾等危险的场所，作业人员在 10 人及以上的

　　C. 违反法律、法规及国家标准中强制性条款的

　　D. 发生过死亡、重伤、重大财产损失事故，或三次及以上轻伤、一般财产损失事故，且现在发生事故的条件依然存在的

四、【判断题】

1. 风险管控是危险源辨识的第一步，是风险管控的前提和基础，只有准确全面、系统地辨识危险源，才能有效管控风险，避免事故的发生。　　（　　）

2. 风险等级由低到高分别是一级风险、二级风险、三级风险和四级风险。（　　）

3. 风险分级四色图分别用红、黄、蓝、绿四种颜色标示。　　（　　）

4. 对于安全生产尽量做到零风险。　　（　　）

5. 根据等级顺序的要求应遵循的具体原则，按消除、预防、减弱、隔离、连锁、警告的等级顺序选择安全技术措施。　　（　　）

6. 在风险管控过程中，个体防护是最重要的措施，所以应优先采用。　（　　）

7. 风险防控屏障越多越好。　　（　　）

8. 划分风险点具有相对的独立性。　　（　　）

9. 划分风险单元、风险点有利于责任到人，落实生产经营单位主体责任。（　　）

五、【简答题】

1. 阐述划分风险单元的原则。

2. 简述风险管理的闭环控制原则。

模块 4 隐患排查治理

企业隐患排查治理是隐患排查与隐患治理两项工作的合并简称。企业是隐患排查治理工作的主体，是隐患排查治理工作的直接实施者。企业隐患排查治理工作主要包括四个方面：自查隐患、治理隐患、自报隐患和分析趋势。自查是为了发现自身所存在的隐患，保证全面而减少遗漏；治理是为了将自查中发现的隐患控制住，防止引发后果，尽可能从根本上解决问题；自报是为了将自查和治理情况报送政府有关部门，以使其了解企业在排查和治理方面的信息；分析趋势是为了建立安全生产预警指挥系统，对安全生产状况做出科学、综合、定量的判断，为合理分配安全监管资源和加强安全管理提供依据。

任务目标

☞　知识目标

1. 阐述企业隐患排查的范围。
2. 论述企业隐患排查内容。
3. 解释隐患排查工作程序。
4. 表述事故隐患类型划分。
5. 阐述事故隐患通用分级。
6. 阐述隐患治理措施选择的基本要求。
7. 解释隐患治理措施制定的原则。
8. 掌握事故隐患闭环管理的流程及具体措施。

☞　能力目标

1. 分析隐患排查方式和方法。
2. 解读如何提升隐患排查能力。
3. 能分析隐患分类典型案例。
4. 分析煤矿开采企业隐患分级典型案例。
5. 梳理事故隐患排查治理的基本工作。
6. 分层级梳理隐患排查治理程序。
7. 能恰当选择隐患治理的安全措施。

☞　素质目标

1. 牢固树立隐患是事故的温床的观念。
2. 形成依照标准办事的工作作风。
3. 养成一丝不苟的工作态度。

任务 1　解读隐患排查内容与方法

众所周知，隐患排查是安全生产管理工作的重中之重。如果用发现问题、解决问题的思路来看安全生产管理工作的话，那么隐患排查就是发现问题的环节，而隐患治理则是解决问题的环节。

有时，解决问题很容易，但是发现问题却很难，所以在隐患治理之前，排查出隐患是非常重要的。作为安全管理工作者，隐患排查应该排查什么？应该怎么开展排查工作？要怎样做才能炼就火眼金睛，一眼就能发现隐患？除了经验之外，隐患排查的基础知识和基本技能是必不可少的。

子任务 1　隐患排查内容

技能点 1：企业隐患排查的范围

安全生产事故隐患是违反安全生产法律、法规、规章、标准、规程和安全生产管理制度，或者因其他因素在生产经营活动中存在可能导致事故发生的物的危险状态、人的不安全行为和管理上的缺陷。企业应全面排查治理工艺系统、基础设施、技术装备、作业环境、防控手段等方面存在的隐患，以及安全生产体制机制、制度建设、安全管理组织体系、责任落实、劳动纪律、现场管理、事故查处等方面存在的薄弱环节。具体包括以下几点。

（1）安全生产法律法规、规章制度、规程标准的贯彻执行情况；

（2）安全生产责任制建立及落实情况；

（3）高危行业安全生产费用提取使用、安全生产责任保险投保等经济政策的执行情况；

（4）企业安全生产重要设施、装备和关键设备、装置的完好状况及日常管理维护、保养情况，劳动防护用品的配备和使用情况；

（5）危险性较大的特种设备和危险物品的存储容器、运输工具的完好状况及检测检验情况；

（6）对存在较大危险因素的生产经营场所以及重点环节、部位、重大危险源普查建档、风险辨识、监控预警制度的建设及措施落实情况；

（7）事故报告、处理及对有关责任人的责任追究情况；

（8）安全教育培训管理，特别是企业主要负责人、安全管理人员和特种作业人员的持证上岗情况和生产一线员工（包括农民工）的教育培训情况，以及劳动组织、用工等情况；

（9）应急预案制定、演练和应急救援物资、设备配备及维护情况；

（10）新建、改建、扩建工程项目的安全"三同时"（安全设施与主体工程同时设计、同时施工、同时投产和使用）执行情况；

（11）道路设计、建设、维护及交通安全设施设置等情况；

（12）对企业周边或作业过程中存在的由自然灾害可能引发事故灾难的危险点排查、防范和治理情况等。

技能点 2：企业隐患排查内容

1. 基础管理类

基础管理类隐患主要是针对生产经营单位资质证照、安全生产管理机构及人员、安全生产责任制、安全生产管理制度、安全操作规程、教育培训、安全生产管理档案、安全生产投入、应急救援、特种设备基础管理、职业卫生基础管理、相关方基础管理、其他基础管理等方面存在的缺陷。

（1）生产经营单位资质证照类隐患。

生产经营单位资质证照类隐患主要是指生产经营单位在安全生产许可证、消防验收报告、安全评价报告等方面存在的不符合法律法规的问题和缺陷。如危险化学品经营单位未取得危险化学品经营许可证或危险化学品经营许可证过期等。

（2）安全生产管理机构及人员类隐患。

安全生产管理机构及人员类隐患主要是指生产经营单位未根据自身生产经营的特点依据相关法律法规或标准要求，设置安全生产管理机构或者配备专（兼）职安全生产管理人员。如危险物品的生产、经营、储存单位，未设置安全生产管理机构，且仅配备兼职安全生产管理人员。

（3）安全生产责任制类隐患。

依据相关法律法规或标准要求，建立并完善适合本单位生产经营的特点的安全生产责任制。根据生产经营单位的规模，安全生产责任制涵盖单位主要负责人、安全生产负责人安全生产管理人员、车间主任、班组长、岗位员工等层级的安全生产职责。其中，生产经营单位至少应包括单位主要负责人、安全生产管理人员和岗位员工三级人员的安全生产责任制。未建立安全生产责任制或责任制建立不完善的，属于此类隐患。

（4）安全生产管理制度类隐患。

根据生产经营单位的特点，安全生产管理制度主要包括：安全生产教育和培训制度安全生产检查制度，具有较大危险因素的生产经营场所、设备和设施的安全管理制度，危险作业管理制度，劳动防护用品配备和管理制度，安全生产奖励和惩罚制度，生产安全事故报告和处理制度，隐患排查制度、有限空间作业安全管理制度、其他保障安全生产和职业健康的规章制度。

生产经营单位缺少某类安全生产管理制度或是某类制度制定不完善时，则称其为安全生产管理制度类隐患。

（5）安全操作规程类隐患。

依据相关法律法规或标准要求，建立并完善适合本单位生产经营的特点的操作规程，生产经营单位缺少岗位操作规程或是岗位操作规程制定不完善的，则称其为安全操作规程类隐患。

（6）教育培训类隐患。

安全教育培训内容主要包括：安全生产法律、法规和规章，安全生产规章制度和操作规程，岗位安全操作技能，安全设备、设施、工具、劳动防护用品的使用、维护和保管知识，生产安全事故的防范意识和应急措施、自救互救知识，生产安全事故案例等。生产经营单位教育培训包括对单位主要负责人、安全管理人员、从业人员以及特殊作业人员的教育培训（如有限空间作业），生产经营单位应根据相关法律法规，满足培训时间、培训内容的要求。生产经营单位未开展安全生产教育培训或是在培训时间、培训内容不达标的，称其为教育培训类隐患。

（7）安全生产管理档案类隐患。

安全生产记录档案主要包括：教育培训记录档案、安全检查记录档案、危险场所/设备设施安全管理记录档案；危险作业管理记录档案、劳动防护用品配备和管理记录档案、安全生产奖惩记录档案、安全生产会议记录档案、事故管理记录档案、变配电室值班记录、检查及巡查记录、职业危害申报档案、职业危害因素检测与评价档案、工伤社会保险缴费记录、安全费用台账等。

生产经营单位未建立安全生产管理档案或档案建立不完善的，属于安全生产管理档案类隐患。

（8）安全生产投入类隐患。

生产经营单位应结合本单位实际情况，建立安全生产资金保障制度，安全生产资金投入应当专项用于下列安全生产事项，主要包括：安全技术措施工程建设安全设备、设施的更新和维护；安全生产宣传、教育和培训；劳动防护用品配备；其他保障安全生产的事项。生产经营单位在安全生产投入方面存在的问题和缺陷，称为安全生产投入类隐患。

（9）应急管理类隐患。

应急管理包括应急机构和队伍、应急预案和演练、应急设施设备及物资、事故救援等方面的内容。应急机构和队伍方面的内容应包括：制定应急管理制度，按要求和标准建立应急救援队伍，未建立专职救援队伍的要与邻近相关专业专职应急救援队伍签订救援协议建立救援协作关系，规范开展救援队伍训练和演练。应急预案和演练方面的内容应包括：按规定编制安全生产应急预案，重点作业岗位有应急处置方案或措施，并按规定报当地主管部门备案、通报相关应急协作单位，定期与不定期相结合组织开展应急演练，演练后进行评估总结，根据评估总结对应急预案等工作进行改进。应急设施装备和物资方面的内容应包括：按相关规定和要求建设应急设施、配备应急装备、储备应急物资，并进行经常性检查、维护保养，确保其完好可靠。事故救援方面的内容应包括：事故发生后，立即启动相应应急预案，积极开展救援工作；事故救援结束后进行分析总结，编制救援报告，并对应急工作进行改进。

生产经营单位在应急救援方面存在的问题和缺陷，称为应急救援类隐患。

（10）特种设备基础管理类隐患。

特种设备属于专项管理，在安全生产事故隐患分类中，为了将专项加以区分，将专项分别分为基础管理和现场管理两部分。

凡涉及生产经营单位在特种设备相关管理方面不符合法律法规的内容，均归于特种设备基础管理类隐患。这类隐患主要包括特种设备管理机构和人员、特种设备管理制度、特种设备事故应急救援、特种设备档案记录、特种设备的检验报告、特种设备保养记录、特种作业人员证件、特种作业人员培训等内容。

（11）职业卫生基础管理类隐患。

与特种设备类似，职业卫生也属于专项管理。凡涉及生产经营单位在职业卫生相关管理方面不符合法律法规的内容，均归于职业卫生基础管理类隐患。这类隐患主要包括职业危害申报、变更申报、职业病防治计划及实施方案、职业卫生管理制度或操作规程、危害因素检测报告、职业危害因素监测及评价、危害告知、设备或化学品材料中文说明书、职业健康监护档案、职业卫生档案、职业卫生机构及人员、职业卫生教育培训、职业卫生应急救援预案等内容。

（12）相关方基础管理类隐患。

相关方是指本单位将生产经营项目、场所、设备发包或者出租给的其他生产经营单位。

生产经营单位涉及相关方面的管理问题，属于相关方基础管理类隐患。

（13）其他基础管理类隐患。

不属于上述 12 种隐患分类的安全生产基础管理类的不符合项，属于其他基础管理类隐患。

2. 现场管理类

现场管理类隐患主要是针对特种设备现场管理、生产设备设施、场所环境、从业人员操作行为、消防安全、用电安全、职业卫生现场安全、有限空间现场安全、辅助动力系统相关方现场管理、其他现场管理等方面存在的缺陷。

（1）特种设备现场管理类隐患。

特种设备包括锅炉、压力容器（含气瓶）压力管道、电梯、起重机械、客运索道、大型游乐设施和场（厂）内专用机动车辆，这类设备自身及其现场管理方面存在的缺陷，属于特种设备现场管理类隐患。

（2）生产设备设施及工艺类隐患。

生产经营单位生产设备设施及工艺方面存在的缺陷，称为生产设备设施及工艺类隐患。此处的生产设备设施不包括特种设备、电力设备设施、消防设备设施、应急救援设施装备以及辅助动力系统涉及到的设备设施。

（3）场所环境类隐患。

生产经营单位场所环境类隐患主要包括厂内环境、车间作业、仓库作业、危险化学品作业场所等方面存在的问题和缺陷。

（4）从业人员操作行为类隐患。

从业人员"三违"主要包括：从业人员违反操作规程进行作业、违反劳动纪律进行作业、负责人违反操作规程指挥从业人员进行作业。从业人员操作行为类隐患包括"三违"行为和个人防护用品佩戴两方面。

（5）消防安全类隐患。

生产经营单位消防方面存在的缺陷，称为消防安全类隐患，主要包括应急照明、消防设施与器材等内容。

（6）用电安全类隐患。

生产经营单位涉及用电安全方面的问题和缺陷，称为用电安全类隐患，主要包括配电室、配电箱、柜，电气线路敷设，固定用电设备，插座，临时用电，潮湿作业场所用电，安全电压使用等内容。

（7）安全生产管理档案类隐患。

职业卫生专项管理中，涉及生产经营单位在职业卫生现场安全方面不符合法律法规的内容，均归于职业卫生现场安全类隐患。这类隐患主要包括禁止超标作业，检、维修要求防护设施，公告栏，警示标识，生产布局，防护设施和个人防护用品等方面存在的问题和缺陷。

（8）有限空间现场安全类隐患。

有限空间现场安全类隐患主要包括：有限空间作业审批、危害告知、先检测后作业危害评估、现场监督管理、通风、防护设备、呼吸防护用品、应急救援装备、临时作业等方面存在的问题和缺陷。

（9）辅助动力系统类隐患。

辅助系统主要包括压缩空气站、乙炔站、煤气站、天然气配气站、氧气站等为生产经营活动提供动力或其他辅助生产经营活动的系统。其中涉及特种设备的部分归于特种设备现场管理类隐患。

（10）相关方现场管理类隐患。

涉及相关方现场管理方面的缺陷和问题，属于相关方现场管理类隐患。

（11）其他现场管理类隐患。

不属于上述 10 种隐患分类的安全生产现场管理类的不符合项，属于其他现场管理类隐患。

子任务 2　隐患排查方式、方法和程序

技能点 1：隐患排查方式和方法

1. 隐患排查的方式

隐患排查的方式主要有综合检查、专业检查、季节性检查、节假日检查、日常检查等。

（1）综合检查。综合性安全检查是以落实岗位安全责任制为重点、各专业共同参

与的全面检查，企业至少每年组织检查或抽查一次，基层单位、班组可以增加综合检查的频次。

（2）专业检查。专业性检查主要是对锅炉、压力容器、电气设备、机械设备、安全装备、监测仪器、危险物品、运输车辆等系统分别进行的专业检查，及在装置开、停机前、新装置竣工及试运转等时期进行的专项安全检查。

（3）季节性检查。季节性检查是根据各季节特点开展的专项检查。春季安全大检查以防雷、防静电、防解冻跑漏为重点；夏季安全大检查以防暑降温、防食物中毒、防台风、防洪防汛为重点；秋季安全大检查以防火、防冻保温为重点；冬季安全大检查以防火、防爆、防煤气中毒、防冻防凝、防滑为重点。

（4）节假日检查。节假日检查主要是节前对安全、保卫、消防、生产准备、备用设备、应急预案等进行的检查，特别是对节日干部值班、检维修队伍值班和原辅料、备品备件、应急预案的落实情况等应进行重点检查。

（5）日常检查。日常检查包括班组、岗位员工的交接班检查和班中巡回检查，以及基层单位领导和工艺、设备、安全等专业技术人员的经常性检查。各岗位应严格履行日常检查制度，特别应对关键装置要害部位的危险点进行重点检查和巡查。

2. 隐患排查的方法

排查方法可以是群查、点查、循章排查和类比复查中的一种或几种组合的应用。

（1）群查。群查是指调动员工预防事故的积极性和能动性，同心协力查找生产（工作）中的事故隐患，它包括车间、班组内的自查互查、基层工会的监督检查等形式。群查的优点是把排查事故隐患的视线从身边逐步向远处延伸，既要做好自身岗位设备设施以及周边作业环境中事故隐患的排查，又要以此为基本依据，撒开"大网"，把平时那些司空见惯、习以为常的问题都网在其中，逐一排查，防止出现漏洞。

（2）点查。点查是采取抽样的方式、不定期的"突袭排查"，也可以针对容易形成重大事故隐患的重要部位组织专人进行排查。"点查"能够发现一些平时不容易暴露或预先检查中被"掩饰"的事故隐患，掌握其真实情况，有利于事故隐患的治理；也可以突出重点，强化对重要部位事故隐患的控制和防范。

（3）循章排查。循章排查是遵循法律、法规、标准、条例和操作规程等规定，排查生产过程中的事故隐患，凡不符合法规、标准规定的，都是事故隐患，都有可能发生事故甚至导致伤亡，必须立即制止，坚决纠正。"循章排查"能提高企业遵纪守法的自觉性，使排查内容"合规合法"。

（4）类比复查。类比复查是借鉴事故案例，复查本单位有没有类似情况，排查事故隐患。企业应善于吸取其他单位的事故案例，将导致事故的原因"对号入座"，排查本单位是否存在这类情况，是否构成了事故隐患。同时，企业要"借题发挥"，要及时将事故案例当作一面镜子，衍射到安全生产的方方面面，反复进行排查。

"群查"与"点查"相结合的事故隐患排查方法，既可以扩大排查的面，又能突出排查中的重点；无论是"群查"还是"点查"，都应针对生产工艺和作业方式的实际，编制事故隐患排查标准，其基本内容为：排查时间、排查内容、执行人、信息交流与反馈的方式和程序等。"循章排查"和"类比复查"相结合的事故隐患排查方法，可以提高排查的科技含量和排查的合规性及针对性。排查记录是隐患排查工作的重要组成部分，可通过隐患排查表的形式记录相关工作。隐患排查表主要有排查内容、排查情况、检查日期、排查单位、检查人员等项目。

技能点 2：隐患排查工作程序

排查的实施是一个涉及企业所有管理范围的工作，需要有计划、按部就班地开展。隐患排查工作主要包含：制定隐患排查计划或方案；按计划或方案组织开展隐患排查工作；对隐患排查结果进行汇总、登记及分析，然后进入隐患治理流程；若发现重大事故隐患，还需上报当地安全监察部门，并按《安全生产事故隐患排查治理暂行规定》中的重大事故隐患治理流程治理。

1. 编制排查项目清单

企业应依据确定的各类风险的全部控制措施和基础安全管理要求，编制全部应该排查的项目清单。

2. 确定排查项目

实施隐患排查前，应根据排查类型、人员数量、时间安排和季节特点，在排查项目清单中选择确定具有针对性的具体排查项目，作为隐患排查的内容。隐患排查可分为生产现场类隐患排查或基础管理类隐患排查，两类隐患排查可同时进行。

3. 排查计划

排查工作涉及面广、时间较长，需要制定一个比较详细可行的实施计划，确定参加人员、排查内容、排查时间、排查安排、排查记录等内容。为提高效率也可以与日常安全检查、安全生产标准化的自评工作或管理体系中的合规性评价和内审工作相结合。

4. 排查的实施

以专项检查为例，企业组织隐患排查组，根据排查计划，到对应部门和所属单位进行全面的排查，流程及关键点如图 4-1 所示。排查时必须及时、准确和全面地记录排查情况和发现的问题，并随时与被检查单位的人员做好沟通。

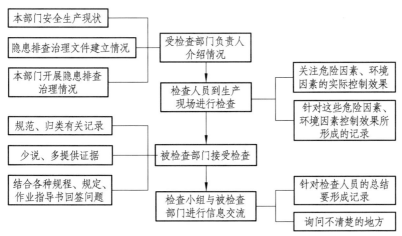

图 4-1　部门排查流程及关键点

5. 排查结果的分析总结

（1）评价本次隐患排查是否覆盖了计划中的范围和相关隐患类别；

（2）评价本次隐患排查是否做到了"全面抽样"的原则，是否做到了重点部门、高风险和重大危险源适当突出的原则；

（3）确定本次隐患排查发现：包括确定隐患清单、隐患级别以及分析隐患的分布（包括隐患所在单位和地点的分布、种类）等；

（4）做出本次隐患排查治理工作的结论，填写隐患排查治理标准表格；

（5）向领导汇报情况。

子任务 3　提升隐患排查能力的途径

技能点：如何提升隐患排查能力

安全是企业和个人发展的基础，而隐患排查是确保安全的重要环节。在工作中，我们需要不断提升自己的隐患排查能力，这样我们才能在隐患排查工作中更加得心应手，为企业和个人的安全保驾护航。应该如何提升隐患排查能力？这里提供一些成功经验。

1. 钻研安全生产法律法规和标准

对于一位新入职的安全工作者，需要尽快熟悉公司的危险源分布、重大风险点（场所、设备或岗位），并抓紧时间悉心钻研《中华人民共和国安全生产法》《中华人民共和国特种设备安全法》《中华人民共和国消防法》《建筑设计防火规范》等诸多的法律法规、标准。安全生产法律法规和标准条款是编制隐患排查清单和实施具体的隐患排查的依据。

高校毕业生必须珍惜时间，充分利用入职初期的时间。这是因为在毕业后参加工作的 1～2 年内，无论是在工作中还是在生活中，其往往有较多自由支配的时间，没有太多的烦恼，更容易静下心来学习，理解和消化一些知识，而这些时间在往后会越来越少，因此，充分利用入职初期的时间很重要。

2. 常看"隐患图集"

在钻研法律法规以及标准期间，可能会感觉学法和标准有些枯燥无味，这就需要翻翻"隐患图集"来缓解疲劳，比如看看《常见电气安全隐患图集》《危险化学品隐患图集》就会感觉更有趣。

与仅有文字描述相比，这些图集就好比小时候爱看的漫画书一样，图文并茂，基本上每个隐患图片下方都提供了详细的案例分析和解决方案，能够帮助初学者深入了解隐患的成因、危害以及应对方法，从而更好地掌握隐患排查知识和技能。

当"隐患图集"看得足够多，初学者就会发现现实中的很多隐患自己都能够快速地发现，并能够识别出潜在的安全隐患。

3. 跟着安全专家做隐患排查

一家成熟的企业，通常会组织开展一些隐患排查的工作，而当地应急管理部门也会组织一些执法检查和技术指导。在这一过程中，会有一些经验丰富的专家，他们拥有丰富的隐患排查经验，我们可以向其多多学习隐患排查的思路和方法。

4. 参与制定隐患排查标准

当初学者对生产现场有了一定的了解，具备了一定的法律法规标准知识，并且参与过一些安全隐患排查之后，往往都会开始承接一些隐患排查标准表的编制工作。例如，领导让编制一个"危险化学品罐区隐患排查表"，接到任务的初学者立刻就应该想到一些问题。

（1）罐区是否是重大危险源？

（2）罐区有哪些设施设备（含安全设施、仪器仪表）？

（3）罐区设计采用了哪些标准？

（4）罐区现有哪些安全管理制度？

（5）与罐区相关的法律法规有哪些？

因为弄清楚这些问题，是自己独立编制《危险化学品罐区隐患排查表》的最基本条件。

当然，初学者也可以上网查资料，甚至可以下载一些模版直接使用，但请别忘记，这些都仅仅是为自己的隐患排查标准表编制工作提供了一些工作思路，绝不能直接拿着模版用，因为网上给的模版有时候也会有误，使用错误的检查表会让自己的专业形象大打折扣。

只要初学者做得隐患排查标准表足够多，经验足够丰富，那么其隐患排查能力就会大幅提高，从初学者进阶为专业人士，因为其已经开始在建立"规则"与"标准"。

5. 培养敏锐的风险识别能力

隐患排查能力的提升离不开对风险识别的敏锐度。要培养敏锐的风险识别能力，首先要注重观察事物的细节，提高对异常情况的敏感度，在日常工作和生活中，保持对周围环境的观察和注意力，尤其是一些可能存在安全隐患的地方。据报道，新疆中泰化学阜康能源有限公司的姚哲辉练就了一身"望闻问切"的本领，他就像一个经验丰富的"设备老中医"，通过听、摸、查、看、闻等方式为设备"体检"。

其次，需要养成多角度思考和深入分析的习惯。即在进行隐患排查时，不仅要考虑表面的问题，还要从多个角度和层面进行思考和深入分析。要善于发现问题背后的根本原因，并提出切实可行的解决方案。

最后，养成与他人交流和分享经验的习惯，借鉴他人的经验和做法。比如参加相关的培训和研讨会，学习他人的成功经验和教训，以此不断提升自己的能力。

真正的隐患排查专业人员，已不再被法律法规标准所约束，而是基于自己对于风险的认知去发现隐患。若请这些专业人员对某个隐患列出法规依据，他们基本上都是信手拈来，能快速地找到与之对应的法条。

任务 2　隐患排查结果分类与分级

隐患分类是隐患排查、排查信息共享和统计分析的基础性工作，隐患分级是隐患治理及监管的重要依据。

子任务 1　事故隐患分类

技能点 1：事故隐患类型划分

每家企业都要有明确的事故隐患分类，以便统计和分析，也为治理打下基础。事故隐患分类方法有多种，可以按隐患所在的部门来划分，可以按隐患能够导致的事故类型来划分，还可以按危险有害因素来划分。

事故隐患，是泛指生产系统中可导致事故发生的人的不安全行为、物的不安全状态和管理上的缺陷。按照事故隐患的定义，最常见的事故隐患有以下 22 种。

1. 人的不安全行为

人的不安全行为主要有 11 类，也是造成生产安全事故中人的主要直接原因。

（1）忽视安全，忽视警告，操作错误。

（2）人为造成安全装置失效。

（3）使用不安全设备。

（4）用手代替工具操作。

（5）物体存放不当。

（6）冒险进入危险场所。

（7）攀、坐不安全位置。

（8）有干扰和分散注意力的行为。

（9）忽视个体劳动防护用品、用具的使用或未能正确使用。

（10）不安全装束。

（11）对易燃、易爆等危险物品的接触和处理错误等。

2. 物的不安全状态

物的不安全状态主要有 4 类，也是造成生产安全事故中物的主要直接原因。

（1）防护、保险、信号等装置缺乏或有缺陷。

（2）设备、设施、工具、附件有缺陷。

（3）劳动防护用品用具缺乏或有缺陷。

（4）生产（施工）场地作业环境不良。

3. 管理上的缺陷

管理上的缺陷主要有 7 类，也是造成生产安全事故中管理上的主要间接原因。

（1）技术和设计上缺陷。

（2）安全生产教育培训不够。

（3）劳动组织不合理。

（4）对现场工作缺乏检查或指导错误。

（5）没有安全生产管理规章制度和安全操作规程，或者不健全。

（6）没有事故防范和应急措施或者不健全。

（7）对事故隐患整改不力，经费不落实。

技能点 2：隐患分类典型案例

为进一步强化冶金、有色、建材、机械、轻工、纺织、烟草、商贸等工贸行业安全生产基础，指导和规范工贸企业安全生产事故隐患排查、上报和统计分析工作，构建隐患排查治理常态化机制，2013 年 11 月 4 日，国家安全监管总局办公厅印发了《工贸行业事故隐患排查上报通用标准（试行）》（安监总厅管四〔2013〕149 号）的通知。要求：地方各级安全监管部门及各生产经营单位可根据实际，制定更为详细的标准，对排查出的隐患要依照《工贸行业事故隐患排查上报通用标准（试行）》进行归类并上报。

《工贸行业事故隐患排查上报通用标准（试行）》将事故隐患分为两大类：基础管理类事故隐患、现场管理类事故隐患。基础管理类事故隐患是指生产经营单位安全管理体制、机制及程序等方面存在的缺陷。现场管理类事故隐患是指生产经营单位在作业场所环境、设备设施及作业行为等方面存在的缺陷。两大类事故隐患分类表如表 4-1 和表 4-2 所示。

表 4-1　基础管理类事故隐患分类表

隐患类别	隐患内容	说明
1.1 资质证照	1.1.1 缺少资质证照 1.1.2 资质证照未合法有效 1.1.3 其他	未按规定取得合法的营业执照、消防验收（备案）文件、涉及危险化学品的企业需要的安全生产许可证等资质证照
1.2 安全生产管理机构及人员	1.2.1 安全生产管理机构（含职业健康管理机构）设置缺陷	未按规定建立安全生产管理机构（含职业健康管理机构）
	1.2.2 安全管理人员（含职业健康管理人员）配备缺陷	未按规定配备安全管理人员（含职业健康管理人员），人员配备不足或所配备的人员不符合要求等
	1.2.3 其他	冶金等工贸企业未设有安全生产委员会等
1.3 安全规章制度	1.3.1 安全生产责任制缺陷	未按规定建立、健全安全生产责任制
	1.3.2 安全管理制度缺陷	未按规定建立、健全安全管理制度，如建设项目安全设施和职业病防护设施"三同时"管理、生产设备设施报废管理、隐患排查治理、应急管理、事故管理、安全培训教育、特种作业人员管理、安全投入、相关方管理、作业安全管理等

隐患类别	隐患内容	说明
1.3 安全规章制度	1.3.3 安全操作规程缺陷	未按规定制定、完善安全操作规程，如覆盖主要设备设施生产作业和具有安全风险的作业活动的安全操作规程等
	1.3.4 制度（文件）管理缺陷	未按规定制定制度编制、发布、修订等制度，或未按照制度执行，如制度编制、发布、修订等过程不规范，制度（文件）试行、现行有效或过期废止标识不清，过期废止回收销毁等规定不明确，制度（文件）发布后宣贯、执行检查不到位；记录（台账、档案）的数量、格式、内容不明确，填写不规范等
	1.3.5 其他	
1.4 安全培训教育	1.4.1 主要负责人、安全管理人员培训教育不足	未按规定取证，取证后没有按年度进行培训教育或培训教育学时不够等
	1.4.2 特种作业人员、特种设备作业人员培训教育不足	未按规定取证，证件过期或证件与实际岗位不符等
	1.4.3 一般从业人员培训教育不足	缺少日常教育、"三级"教育、"四新"教育、转岗、重新上岗等安全培训教育，或安全培训教育达不到规定时间，或内容不符合要求等
	1.4.4 其他	
1.5 安全投入	1.5.1 安全投入不足	冶金、机械等企业未按国家相关规定提取安全投入资金，其他行业企业未保证必要的安全投入等
	1.5.2 安全投入使用缺陷	安全投入使用范围或使用金额不符合要求等
	1.5.3 其他	未按规定购买工伤保险等
1.6 相关方管理	1.6.1 相关方资质缺陷	未对相关方有关安全资质和能力确认，或相关方不具备合格资质
	1.6.2 安全职责约定缺陷	未按规定签订安全协议，或未在劳动、租赁合同中约定各自的安全生产管理职责等
	1.6.3 安全教育、监督管理缺陷	未按规定对相关方人员进行安全教育、监督管理等
	1.6.4 其他	
1.7 重大危险源管理	1.7.1 重大危险源辨识与评估缺陷	未进行重大危险源辨识评估，或辨识评估不正确等
	1.7.2 登记建档备案缺陷	未按规定进行登记、建档、备案等
	1.7.3 重大危险源监控预警缺陷	未按规定对重大危险源进行监控，或监控预警系统不能正常工作
	1.7.4 其他	
1.8 个体防护装备	1.8.1 个体防护装备配备不足	未按规定选用、配备、按期发放所需的个体防护装备
	1.8.2 个体防护装备管理缺陷	未按规定对个体防护装备实施有效管理
	1.8.3 其他	

续表

隐患类别	隐患内容	说明
1.9 职业健康	1.9.1 职业病危害项目申报缺陷	未按规定申报危害因素岗位,申报内容不全,未申请变更等
	1.9.2 职业病危害因素检测评价缺陷	未按规定对危害因素进行检测评价,或检测评价因素不全等
	1.9.3 职业病危害因素告知缺陷	未按规定在劳动合同中写明,检测结果未公示等
	1.9.4 职业健康检查缺陷	未按规定建立职业健康档案,未开展职业健康体检,或体检结果未通知劳动者等
	1.9.5 其他	未按相关规定将职业病患者调离原岗位等
1.10 应急管理	1.10.1 应急组织机构和队伍缺陷	未按规定设置或指定应急管理办事机构,配备应急管理人员,未按规定建立专兼职应急救援队伍
	1.10.2 应急预案制定及管理缺陷	未按规定制定各类应急预案,未对预案进行有效管理(论证、评审、修订、备案和持续改进等)
	1.10.3 应急演练实施及评估总结缺陷	未按规定进行应急演练,或未对应急演练进行评估和总结等
	1.10.4 应急设施、装备、物资配备、维修保养和管理缺陷	未建立应急设施,未配备应急装备、物资,未按规定进行经常性的检查、维护、保养和管理等
	1.10.5 其他	
1.11 隐患排查治理	1.11.1 事故隐患排查不足	未按规定开展事故隐患排查工作
	1.11.2 事故隐患治理不足	未按规定开展事故隐患治理工作,或事故隐患治理不彻底等
	1.11.3 事故隐患上报不足	未按规定对事故隐患进行上报
	1.11.4 其他	包括未对事故隐患进行统计分析等
1.12 事故报告、调查和处理	1.12.1 事故报告缺陷	未按规定及时报告,并保护事故现场及有关证据等
	1.12.2 事故调查和处理缺陷	未对事故进行调查、处理、分析等
	1.12.3 其他	
1.13 其他		其他管理上的缺陷

表 4-2　现场管理类事故隐患分类表

隐患类别	隐患内容	说明
2.1 作业场所	2.1.1 选址缺陷	作业场所未按规定选择在常年主导风上风或侧风风向,靠近易燃易爆场所,地质条件不良,企业内新建构筑物、装置安全卫生防护距离不足等
	2.1.2 设计、施工缺陷	未按规定对建构筑物的防火等级、安全距离、防雷、防震等进行设计、施工,或改建、扩建、装修没有按安全要求进行等
	2.1.3 平面布局缺陷	住宿场所与加工、生产、仓储、经营等场所在同一建筑内混合设置;爆炸危险场所或存放易燃易爆品场所与易燃易爆场所联通;建构筑物内,设备布置、机械、电气、防火、防爆等安全距离不够,或卫生防护距离不够等

隐患类别	隐患内容	说明
2.1 作业场所	2.1.4 场地狭窄杂乱	作业场所狭窄难以操作，工具、材料放置混乱等
	2.1.5 地面开口缺陷	坑、沟、池、井等开口的不安全状况，如无安全盖板或安全盖板不符合要求等
	2.1.6 安全逃生缺陷	包括无安全通道，安全通道狭窄、不畅等，未按规定设置安全出口，包括无安全出口、安全出口数量不足、设置不合理等
	2.1.7 交通线路的配置缺陷	容易导致车辆伤害或消防通道不符合要求等
	2.1.8 安全标志缺陷	未按规定设置安全标志，如无标志标识、标志不规范、标志选用不当等
	2.1.9 其他	地面湿滑不平、梯架缺陷、装修材料缺陷等
2.2 设备设施	2.2.1 工艺流程缺陷	工艺流程布置不顺畅，交叉（平交）点多，产量增大后没有及时调整工艺路线等易导致生产安全事故的缺陷
	2.2.2 通用设备设施缺陷	通用设备设施在设计、安装调试、使用上的缺陷，如强度、刚度、稳定性、密封性、耐腐性等缺陷，不符合安全要求，有人员易触及的运动部件外露，操纵器失灵、损坏，设备、设施表面有尖角利棱，未按规定进行检验等。通用设备设施不包括特种设备、电气设备设施、消防设备设施、有较大危险因素设备设施以及安全监控设备
	2.2.3 专用设备设施缺陷	根据行业生产特点，企业拥有的专用设备存在的安全缺陷，以及未按规定进行检验等
	2.2.4 特种设备缺陷	未按规定取证、建档、定期检验、维护保养，或特种设备不能达到规定的技术性能和安全状态等
	2.2.5 消防设备设施缺陷	未按规定对消防报警系统进行配线、设备选型安装，未按规定设置合格的给水管网、消火栓、消防水箱及自动、手动灭火设施器材，未按规定选用合格的机械防烟排烟设备，或设备安装不符合要求，防火门、防护卷帘及其他消防设备缺陷，以及未按规定进行检验等
	2.2.6 电气设备缺陷	电气线路、设备、照明不符合标准，保护装置不完善，移动式设备不完善，防爆电气装置不符合标准，防雷装置不合格，防静电不合格，电磁防护不合格，以及未按规定进行检验等
	2.2.7 有较大危险因素设备设施缺陷	未按规定对存在高温高压、有毒有害、易燃易爆等有较大危险因素的设施设备进行安全防护，未按规定对其进行经常性维护保养等
	2.2.8 安全监控设备缺陷	未按规定安装监控设备监测有毒有害气体、生产工艺危险点等，安全监控设备设置不合理，或安全监控设备不能正常工作等
	2.2.9 其他	
2.3 防护、保险、信号等装置装备	2.3.1 无防护	没有实施必要的防护措施，如无防护罩、无安全保险装置、无报警装置、未安装防止"跑车"的挡车器或挡车栏等
	2.3.2 防护装置、设施缺陷	防护装置、设施本身安全性、可靠性差，包括防护装置、设施损坏、失效、失灵等

隐患类别	隐患内容	说明
2.3 防护、保险、信号等装置装备	2.3.3 防护不当	未按规定配置、使用合格的防护装置、设施
	2.3.4 其他	
2.4 原辅物料、产品	2.4.1 一般物品处置不当	物品存放不当，如成品、半成品、材料和生产用品等在储存数量、堆码方式等方面存放不当；物品使用不当，未按规定搬运、使用物品；物品失效、过期、发生物理化学变化等
	2.4.2 危险化学品处置不当	对易燃、易爆、高温、高压、有毒有害等危险化学品处置错误，危险化学品失效、过期、发生物理化学变化，未按规定记录危险化学品出入库情况等
	2.4.3 其他	原辅料调整更换时，未进行安全评价等
2.5 职业病危害	2.5.1 职业病危害超标	噪声强度超标，粉尘浓度超标，照度不足或过强，作业场所温度、湿度超出限值，缺氧或有毒有害气体超限，辐射强度超限等
	2.5.2 职业病危害因素标识不清	作业场所缺少防护设施，公告栏，警示标识等
	2.5.3 其他	
2.6 相关方作业		相关方未按规定办理动火、动土、用电等手续，进入不应进入场所等涉及相关方现场管理方面的缺陷
2.7 安全技能	2.7.1 违章指挥	安排或指挥员工违反规定进行作业，如安排有职业禁忌的劳动者从事其所禁忌的作业；指挥工人在安全防护设施、设备有缺陷，隐患未解决的条件下冒险进行作业等
	2.7.2 操作错误	操作方式、流程错误，指按钮、阀门、扳手、把柄等的操作，以及未经许可开动、关停、移动机器；开动、关停机器时未给信号；开关未锁紧，造成意外转动、通电或泄漏，忘记关闭设备；拆除安全装置，造成安全装置失效等
	2.7.3 使用不安全设备、工具	临时使用不牢固的设施，使用无安全装置的设备，使用已停用或报废的设备等
	2.7.4 工具使用错误	使用不合适的工具，或没有按要求进行使用等
	2.7.5 冒险作业	冒险进入危险场所，或在危险场所冒险停留、冒险作业，如未经允许进入涵洞、油罐、井等有限空间或高压电设备等其他危险区；攀、坐不安全位置（如平台护栏、汽车挡板、吊车吊钩），在起吊物下停留；采伐、集材、运材、装车时，未远离危险区；机器运转时加油、维修、焊接、清扫等
	2.7.6 其他	包括脱岗、超负荷作业等其他操作错误、违反劳动纪律行为
2.8 个体防护	2.8.1 个体防护装备使用缺陷	在必须使用个人防护用品用具的作业或场合中，忽视其使用，如未戴安全帽，未戴护目镜或面罩，未佩戴呼吸护具，未戴防护手套，未穿防护服，未穿安全鞋等
	2.8.2 不安全装束	在有旋转零部件的设备旁作业穿着肥大服装、操纵有旋转零部件的设备时戴手套等
	2.8.3 其他	

续表

隐患类别	隐患内容	说明
2.9 作业许可	2.9.1 作业前未办理许可手续	动火作业、有限空间作业、大型吊装作业、高空作业等作业前未按规定办理手续
	2.9.2 安全措施落实缺陷	未落实安全措施或安全措施落实不足，作业完毕未确认安全状态等
	2.9.3 其他	
2.10 其他		

子任务 2　事故隐患分级

技能点 1：事故隐患通用分级

《安全生产事故隐患排查治理暂行规定》（国家安全生产监督管理总局令〔2007〕第 16 号）将隐患分为两类：一般事故隐患和重大事故隐患。一般事故隐患，是指危害和整改难度较小，发现后能够立即整改排除的隐患。重大事故隐患，是指危害和整改难度较大，应当全部或者局部停产停业，并经过一定时间整改治理方能排除的隐患，或者因外部因素影响致使生产经营单位自身难以排除的隐患。

一般企业都根据这一规定对其隐患进行分类。一些隐患特别复杂的企业，比如油气管道类企业、水利水电等企业，有单独的标准规范定义它们的隐患，分类会更复杂一些。

为进一步明确隐患的界定标准，很多行业，先后出台了自己重大隐患判断标准，如金属非金属矿山重大事故隐患判定标准、企业重大事故隐患判定标准、重大火灾隐患判定方法、道路运输企业和城市客运企业安全生产重大事故隐患判定标准（试行）、房屋市政工程生产安全重大事故隐患判定标准、工贸企业重大事故隐患判定标准、城镇燃气经营安全重大隐患判定标准等，不属于重大隐患的，属于一般隐患；有特殊规定的，从其规定。

在开展隐患排查时，应结合企业自身所在的行业、所使用的标准规范一一对照，具体判断。

技能点 2：煤矿开采企业隐患分级典型案例

1. 一般事故隐患再分级

一般事故隐患，是指危害和整改难度较小，在采取有效安全措施后可以边治理边生产的隐患，按严重程度、解决难易、工程量大小等分为 A、B、C 三级。

A 级：危害严重，有可能造成重大人身伤亡或者重大经济损失；治理难度及工程量大，或需由集团公司或煤炭管理部门协调解决的事故隐患。

B 级：危害比较严重，有可能导致人身伤亡或者较大经济损失，或治理难度及工程量较大，须由矿井限期解决的事故隐患。

C 级：危害较轻，治理难度和工程量较小，业务部门、区队或单位能够解决的事故隐患。

2. 重大事故隐患判定

国家安全生产监督管理总局令第 85 号《煤矿重大生产安全事故隐患判定标准》第三条规定：煤矿重大事故隐患包括以下 15 个方面：

（1）超能力、超强度或者超定员组织生产；

（2）瓦斯超限作业；

（3）煤与瓦斯突出矿井，未依照规定实施防突出措施；

（4）高瓦斯矿井未建立瓦斯抽采系统和监控系统，或者不能正常运行；

（5）通风系统不完善、不可靠；

（6）有严重水患，未采取有效措施；

（7）超层越界开采；

（8）有冲击地压危险，未采取有效措施；

（9）自然发火严重，未采取有效措施；

（10）使用明令禁止使用或者淘汰的设备、工艺；

（11）煤矿没有双回路供电系统；

（12）新建煤矿边建设边生产，煤矿改扩建期间，在改扩建的区域生产，或者在其他区域的生产超出安全设计规定的范围和规模；

（13）煤矿实行整体承包生产经营后，未重新取得或者及时变更安全生产许可证而从事生产，或者承包方再次转包，以及将井下采掘工作面和井巷维修作业进行劳务承包；

（14）煤矿改制期间，未明确安全生产责任人和安全管理机构，或者在完成改制后，未重新取得或者变更采矿许可证、安全生产许可证和营业执照；

（15）其他重大事故隐患。

任务 3　事故隐患排查治理工作的内容和程序

企业隐患排查治理是隐患排查与隐患治理两项工作的合并简称。两项工作都有相对规范的标准流程。事故隐患排查治理四项基本工作：编制排查项目清单、确定排查项目、实施排查和隐患治理。事故隐患排查治理分六步实施：排查、记录、汇报、整改、验收和考核。所谓事故隐患排查治理分级实施是按企业内部不同层级作为实施主体的排查治理行为。

子任务 1　事故隐患排查治理基本工作

技能点：梳理事故隐患排查治理的基本工作

1. 编制排查项目清单

企业应依据确定的各类风险的全部控制措施和基础安全管理要求，编制包含全部应该排查的项目清单。

2. 确定排查项目

实施隐患排查前，应根据排查类型、人员数量、时间安排和季节特点，在排查项目清单中选择确定具有针对性的具体排查项目，作为隐患排查的对象。隐患排查可分为生产现场类隐患排查或基础管理类隐患排查，两类隐患排查可同时进行。

3. 实施排查

（1）排查类型。

排查类型主要包括日常隐患排查、综合性隐患排查、专业性隐患排查、专项或季节性隐患排查、专家诊断性检查和企业各级负责人履职检查等。

（2）排查要求。

隐患排查应做到全面覆盖、责任到人，定期排查与日常管理相结合，专业排查与综合排查相结合，一般排查与重点排查相结合。

（3）组织级别。

企业应根据自身组织架构确定不同的排查组织级别和频次。排查组织级别一般包括公司、专业、车间、班组、岗位。

（4）隐患排查周期。

企业应根据法律、法规要求，结合企业生产工艺特点，确定综合、专业、专项、季节、日常等隐患排查类型的周期。例如：《国家安全监管总局办公厅国家煤矿安监局办公室关于印发〈企业生产安全事故隐患排查治理制度建设指南（试行）〉和〈企业重大事故隐患治理督办制度建设指南（试行）〉的通知》（安监总厅煤行〔2015〕116号）规定企业应每月，专业每旬、生产单位每班、岗位随时排查施工隐患。

（5）治理建议。

按照隐患排查治理要求，各相关层级的部门和单位对照隐患排查清单进行隐患排查，填写隐患排查记录。

根据排查出的隐患类别，提出治理建议，一般应包含：

① 针对排查出的每项隐患，明确治理责任单位和主要责任人；

② 经排查评估后，提出初步整改或处置建议；

③ 依据隐患治理难易程度或严重程度，确定隐患治理期限。

（6）隐患上报。

企业应当每季、每年对本单位事故隐患排查治理情况进行统计分析，并分别于下一季度15日前和下一年1月31日前向安全监管监察部门和有关部门报送书面统计分析表。统计分析表应当由企业主要负责人签字。

对于重大事故隐患，企业除依照上述规定报送外，应当及时向安全监管监察部门和有关部门报告。

4. 隐患治理

（1）隐患治理要求。

隐患治理实行分级治理、分类实施的原则。企业应建立五级安全隐患排查与治理网络，即：公司、专业、车间、班组、岗位五级安全隐患防控体系。严格执行董事长、总工程师牵头的安全隐患全公司月排查、分管副总工程师牵头的专业隐患旬排查、车间"三大员"（主任、书记和技术负责人）负责的车间周排查、跟班管理人员及班组长负责的班前及生产过程中排查制度。

（2）事故隐患治理流程。

事故隐患治理流程包括：排查、记录、汇报、整改、验收、考核。隐患排查结束后，将隐患名称、存在位置、不符合状况、隐患等级、治理期限及治理措施要求等信息向从业人员进行通报。隐患排查组织部门应制发隐患整改通知书，应对隐患整改责任单位、措施建议、完成期限等提出要求。在实施隐患治理前，隐患存在单位应当对隐患存在的原因进行分析，并制定可靠的治理措施。隐患整改通知制发部门应当对隐患整改效果组织验收。

（3）一般事故隐患治理。

对于一般事故隐患，根据隐患治理的分级，切实落实好"六步骤""五落实"工作，"六步骤"即抓好隐患的排查、记录、汇报、整改、验收、考核等六个治理步骤，"五落实"即事故隐患治理符合责任、措施、资金、时限、预案的落实，实现隐患的全方位排查、闭合式整改。

（4）重大事故隐患治理。

经判定属于重大事故隐患的，企业应当及时组织评估，并编制事故隐患评估报告书。评估报告书应当包括事故隐患的基本情况和产生原因、隐患危害程度、波及范围和治理难易程度、需要停产治理的区域、发现隐患后采取的安全措施等内容。

企业应根据评估报告书制定重大事故隐患治理方案。治理方案应当包括下列主要内容：

① 治理的目标和任务；

② 采取的方法和措施；

③ 经费和物资的落实；

④ 负责治理的机构和人员；

⑤ 治理的时限和要求；

⑥ 安全措施和应急预案。

对不能在规定期限内完成治理重大事故隐患，企业要在规定的治理期限内向负有督办职责的政府主管部门提交重大事故隐患治理延期说明。

延期说明应当包括以下内容：

① 申请延期的原因；

② 已完成的治理工作情况；

③ 申请延期期限及采取的安全措施。

（5）重大事故隐患督办。

对于企业报告的重大事故隐患、政府主管部门在监督检查中发现的重大事故隐患举报并经查实的重大事故隐患、其他移交并经核实的重大事故隐患，一经具有安全监管权限的政府主管部门确认后，必须及时向隐患治理单位下达重大事故隐患治理督办通知书。督办通知书应当包括以下内容：

① 重大事故隐患基本情况；

② 治理方案报送期限；

③ 治理进度定期报告要求；

④ 治理完成期限；

⑤ 停产区域和治理期间的安全要求；

⑥ 督办销号程序。

（6）隐患治理期间的事故防范。

企业在事故隐患治理过程中，应当采取相应的安全防范措施，防止事故发生。事故隐患排除前或者排除过程中无法保证安全的，应当从危险区域内撤出作业人员，并疏散可能危及的其他人员，设置警戒标志，暂时停产停业或者停止使用；对暂时难以停产或者停止使用的相关生产储存装置、设施设备，应当加强维护和保养，防止事故发生。

（7）隐患治理验收。

隐患治理完成后，应根据隐患级别组织相关人员对治理情况进行验收，实现闭环管理。重大隐患治理工作结束后，企业应当组织对治理情况进行复查评估。

地方人民政府或者安全监管监察部门及有关部门挂牌督办并责令全部或者局部停产停业治理的重大事故隐患治理工作结束后，有条件的企业应当组织本单位的技术人员和专家对重大事故隐患的治理情况进行评估；其他企业应当委托具备相应资质的安全评价机构对重大事故隐患的治理情况进行评估。经治理后符合安全生产条件的，企业应当向安全监管监察部门和有关部门提出恢复生产的书面申请，经安全监管监察部门和有关部门审查同意后，方可恢复生产经营。申请报告应当包括治理方案的内容、项目和安全评价机构出具的评价报告等。

子任务 2 隐患分级排查治理程序

技能点：分层级梳理隐患排查治理程序

隐患排查治理工作分六步进行，即抓好隐患的排查、记录、汇报、整改、验收、考核等六个步骤。企业隐患排查治理层级自下而上分为岗位、班组、车间、专业部室、公司五级。以下以公司之上设有集团公司的企业架构为例展开论述，企业结构简单的可适当简化处理。

1. 第一层级：岗位隐患管控

第 1 步：排查。

岗位实行实时排查，员工在上岗前，要对本岗位和相关岗位的安全状况进行排查，包括本人安全状态、岗位范围内存在的隐患等。对存在隐患的地点，要立即按照隐患类别悬挂"隐患警示点"的警示牌。

第 2 步：记录。

岗位隐患排查后，将本人排查出的隐患记录在"岗位安全隐患防控日志"上。

第 3 步：汇报。

将排查的隐患如实汇报给巡查的班组长和安监员。如有重大隐患危及安全时，必须立即停止作业，向班组长或跟班干部汇报，紧急情况下直接向调度室汇报。

第 4 步：整改。

（1）对排查出的隐患，自己能够解决的要立即进行处理。

（2）如排查出的隐患自己解决不了，要立即向现场跟班干部或班长汇报，协调班中力量进行处理。

（3）整改情况要在本人"岗位安全隐患防控日志"上填写清楚。

第 5 步：验收。

整改完成后，由班长和安监员联合对各岗位隐患整改情况进行验收，并在"岗位安全隐患防控日志"上签字确认隐患完全消除，摘掉警示牌后，方可开始工作。

如治理过程危险性较大的事故隐患，治理过程中现场要有专人指挥，安监员现场监督设置警示标识。

如排查出的隐患不能彻底消除，需车间及上级部门协调解决的，通过现场采取一些措施，能确保人身及设备设施安全后，方可以暂时生产，但警示牌严禁摘除，以警示他人。另外班组长应向车间及时汇报，并在"现场隐患排查治理登记本"详细记录。如果严重威胁人身安全时，应立即停止工作，撤出人员。

第 6 步：考核。

对个人岗位隐患防控情况，每月检查评比一次。要严格执行好日常性检查制度，各类奖惩要落实到位。

2. 第二层级：班组隐患防控

第 1 步：排查。

（1）班组排查在交接班前进行，跟班干部、班组长和安监员对班组所辖范围内的安全状况进行全面摸底排查。

（2）由班组长对各岗位排查出的隐患进行汇总，连同本班组排查出的隐患和上班未处理完的隐患，一并纳入班组隐患治理的范围。

（3）对存在隐患的地点要立即按照隐患类别悬挂"隐患警示点"的警示牌。

第 2 步：记录。

排查后，由班组长将排查出的隐患记录在"现场隐患排查治理登记本"上，并落实整改责任人。

第 3 步：公示与上报。

由班组长和安监员负责，将当班排查的隐患，按隐患 A、B、C 等级分别用红、橙、黄颜色标识在"岗点隐患分布动态防控图"上。同时标明隐患类别，对隐患问题进行公示，让每一名工作和检查人员能够直观地了解现场的安全状况。发现重大隐患应及时向车间汇报，由技术员负责记录登记。

"岗点隐患分布动态防控图"与现场隐患牌板配合使用，隐患信息与岗点隐患要对应一致。

第4步：整改。

（1）排查出的隐患本班组能整改的，要立即组织本班组力量及时处理。

（2）如本班组排查出的隐患不能彻底消除的，要立即向车间值班人员汇报，由车间组织力量进行处理，但警示牌不能摘除。班组现场采取必要措施，确保人身及设备设施安全后可以生产，但如严重威胁人身安全，应立即停止工作，必要时撤出人员。

第5步：验收。

由跟班干部、安监员联合对班组隐患整改情况进行班中动态检查、班后验收，并在"现场隐患排查治理登记本"记录整改情况。在班后会上通报各岗点隐患排查治理情况，并将没有整改完成的隐患除向车间值班人员汇报外，还要向下一班交接清楚。

第6步：考核。

车间要对班组隐患排查治理进行严格考核，对发现和治理隐患及时，避免重大事故发生的有功人员给予一定的奖励。凡因隐患排查不力，造成漏排或采取措施不力的，要落实惩罚措施。

3. 第三层级：车间隐患防控

第1步：排查。

各车间由车间主任每周组织一次隐患排查会，对本车间所辖范围内的各类隐患实行周排查。

第2步：记录。

各车间技术员要按照企业统一要求，建立隐患排查与治理台账和会议记录，及时将隐患排查治理情况记录在治理台账上，技术员负责隐患排查治理日常管理工作。

第3步：公示及上报。

各车间要针对排查出的隐患，进行筛选分类，制订治理措施，及时利用班前会向员工传达通报，并于本周的隐患集中审查会上将上周隐患的治理情况及本周隐患排查情况、治理措施等进行汇报，填表后分别报专业部室和安监处。

第4步：整改。

（1）车间排查出的隐患由车间主任组织人员按照整改措施进行整改，整改完毕后摘掉警示牌。

（2）本车间不能整改，需上级单位协调治理的隐患，由车间上报专业部室，由车间协同专业部室制定治理措施，专业部室协调力量进行治理，没有治理完毕的隐患警示牌严禁摘除。

第5步：验收。

车间排查的所有隐患治理后，由专业部室和车间联合验收，并填写验收记录单。

第6步：考核。

车间排查治理的隐患由专业部室验收考核，验收考核结果报安监处备案。

4. 第四层级：专业部室隐患防控

第 1 步：排查。

专业部室隐患排查实行每旬排查一次，每月对分管范围内所有隐患进行一次全面排查。

第 2 步：记录。

各专业部室将本部室排查出的隐患及车间上报需部门协调解决的隐患，纳入本部室治理范围，记录在隐患排查治理台账上，并建立隐患排查会议记录。

第 3 步：上报与反馈。

上报与反馈各部室排查出的隐患，进行筛选分类，制订防控措施。每旬将隐患的治理情况及排查的隐患、治理措施、整改责任人等，填表后分别报安监处、专业副总和企业分管领导，并向隐患所属单位进行反馈。

第 4 步：治理。

由专业副总、分管领导牵头，各部室具体负责，组织力量落实治理，并定期检查、督促整改。

第 5 步：验收。

隐患治理完成后，由专业副总牵头组织，职能部室及隐患所在的车间有关人员参加进行验收，并将验收结果报安监处。安监处接到部室治理验收结果后，组织有关人员进行复查，实现隐患闭合。

第 6 步：考核。

由安监处隐患排查治理考核办公室负责，每月末对职能部室及车间集中考核。

5. 第五层级：企业隐患防控

第 1 步：排查。

每月下旬，由执行董事主持，总工程师协助召集各专业负责人及工程技术人员，对全企业范围内安全生产事故隐患进行月排查，由专人做好记录，对所排查隐患进行整理并存档。

第 2 步：公示。

由安监处负责，将企业每月排查出的事故隐患、治理措施、责任部门、整改责任人、整改期限等在企业网络办公系统上公示。及时在作业场所公示重大事故隐患的所在位置、主要内容、治理时限、责任人、停产停工范围。

第 3 步：上报。

由安监处负责，于每月月底前将上月事故隐患治理情况及本月隐患排查情况，制成表格在集团公司网络办公系统上上报当地应急管理部门。

第 4 步：治理。

（1）企业重大安全隐患，由执行董事和分管单位领导负责组织力量进行治理。

（2）企业排查出的重大隐患中需要集团公司协调治理的，由分管部室和安监处分别报请集团公司业务管理处室和安监处，进行协调治理。

第 5 步：验收。

（1）企业治理的隐患由验收责任单位（部门）负责验收，验收合格后予以销号，报集团公司备案。

（2）由集团公司协调治理的隐患，治理完成后由安监处申请集团公司组织验收。

第 6 步：考核。

（1）企业协调治理的隐患治理完成后，由企业隐患治理办公室进行考核。

（2）集团公司协调治理的重大隐患治理完成后，由集团公司验收并进行考核。

（3）由安监处负责，根据考核结果兑现奖惩。

任务 4　事故隐患治理措施

治理事故隐患的目的是预防与控制事故的发生。事故预防与控制包括两方面内容：事故预防是指通过采用技术和管理的手段使事故不发生；事故控制是指通过采用技术和管理手段，使事故发生后不造成严重后果或使损失尽可能地减少。治理事故隐患有一系列安全措施可选，选择要求和原则有哪些？安全措施又有哪些？它们各有什么特点？通过本任务的学习，学习者能恰当地选择安全措施，通过安全措施的实施达到最佳的治理效果。

子任务 1　辨析隐患治理措施与风险管控措施的关系

技能点 1：分析隐患产生原因

《危险化学品企业安全风险隐患排查治理导则》（应急〔2019〕78 号）中"隐患"的定义为："对安全风险所采取的管控措施存在缺陷或缺失时就形成事故隐患。"及时发现并消除风险管控措施存在的隐患，保证风险的管控措施处于完好状态，就是对风险的管控。也就是说，对风险的管控是要采取措施的，如果采取的措施存在人的不安全行为、物的不安全状态、环境不良或者管理缺陷中的一种或多种状态，这也就是事故隐患。

技能点 2：论证隐患治理措施与风险管控措施的关系

出现了事故隐患也就是风险管控不到位，要么是原来的管控措施制定不完整、不科学，要么是管控措施执行不到位。事故隐患出现后，要再采取隐患治理措施来消除隐患，这也还是在管控风险，隐患消除了，风险就处于可控状态，所以，隐患治理措施与风险管控措施没有本质区别，其内涵是一样的。前文介绍的风险管控措施在隐患治理中同样适用，隐患治理措施的类型在这里不再赘述。

子任务 2　分析隐患治理措施选择的基本要求和原则

在事故隐患排查治理体系范畴内的安全措施就是为了防范生产安全事故发生，保障人民生命财产安全等目的而采取的举措与行动。而且，对治理过程危险性较大的事故隐患，治理过程中现场有专人指挥，并设置警示标识；安检员现场监督，确保安全，做到不安全不生产。对当班能够立即治理完成的隐患，安全技术措施可以采取口头告知形式。对于不能立即整改完成的事故隐患，应该制定详细的安全措施，安全措施的制定要符合相关规定的基本要求、制定原则、制定流程以及程序运行模式。

技能点 1：阐述隐患治理措施选择的基本要求

根据《安全生产事故隐患排查治理体系建设实施指南》，隐患治理措施应满足以下基本要求。

（1）能消除或减弱生产过程中产生的危险、有害因素。

（2）处置危险和有害物，并降低到国家规定的限值内。

（3）预防生产装置失灵和操作失误产生的危险、有害因素。

（4）能有效地预防重大事故和职业危害的发生。

（5）发生意外事故时，能为遇险人员提供自救和互救条件。

隐患治理的方式方法是多种多样的，企业必须考虑成本投入，需要以适当的代价取得最适当（不一定是最好）的结果。有时候隐患治理很难彻底消除隐患，这就必须在遵守法律法规和标准规范的前提下，将其风险降低到企业可以接受的程度。可以说，"最好"的方法不一定是最适当的，而最适当的方法一定是"最好"的。

例如，员工未正确佩戴安全帽是典型的一般隐患，其治理方式在企业中主要是检查人员对其批评，责令其马上纠正，通常只需口述整改方案。但如果经过统计分析，发现这种现象普遍存在，成为一种习惯性和群体性违章，那么要将其隐患级别升级，并制定治理方案，采取多种措施和手段进行治理。

技能点 2：解释隐患治理措施制定的原则

安全事故隐患治理涉及生产的方方面面，为了使安全措施具有可操作性、有效性、完备性，在制定安全措施时应遵循如下原则：

1. 自下而上与自上而下相结合的原则

安全措施的生命力在于两个方面，第一是要符合国家相关法律法规；第二是贯彻执行力要强。自下而上的方式保证了安全措施的群众基础，便于安全措施的贯彻落实，自上而下的方式保证了制定的安全措施不违背国家法律法规和行业的安全规程。

2. 全面性原则

全面性原则包含两层含义：一是指企业所有隐患都应该有管理措施，重大隐患和需要限时整改的隐患应该有书面形式的管理措施，当班能立即治理完成的隐患至少有口头形式的管理措施。二是针对每一个具体的隐患，制定的安全措施应能全面治理该隐患，通过安全措施的落实能够达到相关安全管理标准的要求。

3. 可操作性原则

安全措施只有具备了可操作性才能起到保证矿井的安全生产，因此，制定的安全措施要做到明确具体，责任落实到具体的部门、具体的人员，安全措施不仅应规定在什么时间、什么地点应当做什么，还应规定应当如何做，以使相关当事人正确做出行为，并能够对于自己行为的后果有较为准确的判断。

4. 适用性原则

由于不同企业的行业类型、生产工艺、技术水平、人员条件、装备条件差异较大，安全事故隐患的差异也较大。在安全措施的制定过程中，应充分考虑这种差异性，不同的企业应根据自身的实际条件制定安全措施。

5. 动态性原则

随着企业生产内外部环境的变化，其生产工艺、技术水平、工作人员条件、机器装备状况等都会发生变化，安全措施应随着这些条件的变化不断地进行调整，以适应新的条件。

6. 全过程性原则

全过程性原则是指安全措施的制定和执行应贯穿建设项目设计、施工、正式生产（生产计划、生产准备、实施生产、生产接替、生产总结和分析）直到企业停产的全过程中，辨识出的每个事故隐患都应有相应的安全措施来保证生产的安全性。

任务 5 事故隐患闭环管理与隐患治理管控

事故隐患治理是一个系统工作，涉及多个环节和多个企业内设机构，需要通力协作，做好每一步工作才能达到最佳效果。如果隐患治理没有安排检查、督促和验收责任单位，治理效果将大打折扣，因此设置隐患治理管控十分必要。本任务有两个学习内容，一是事故隐患闭环管理理念及具体做法；二是隐患治理管控的措施。

子任务 1 解读事故隐患闭环管理思路

技能点 1：认识推行事故隐患闭环式管理的背景、意义和目标

众所周知，安全生产是企业的永恒主题，隐患是安全生产的大敌。动态的生产过程中人的不安全行为、物的不安全状态和环境的不安全条件构成了隐患，因此，隐患在企业生产过程中是普遍存在的。对客观存在的各类隐患，我们已清楚地认识到它的危害性。"事后处理不如事前防范"，为认真吸取事故教训，防患于未然，近年来，各

级领导高度重视企业隐患治理工作，在企业安全监管工作中积极探索、大胆创新，针对企业隐患危害特点和隐患产生规律，总结出一套科学的闭环式隐患排查治理体系，并确定了把"闭环式隐患排查治理"引到企业文化建设中，使安全隐患从排查发现到整改措施、方案的制定和落实，到整改效果的验证，实现了有效的闭合，杜绝了生产安全事故的发生。

1. 推行闭环式隐患排查治理的背景

目前，我国企业的生产一线职工的构成较为复杂，文化程度和业务素质普遍不高，在安全生产过程中组织观念不太强，自律意识较差，规程、措施学习不到位，危险源的辨识能力低，尽管企业加大了安全培训力度，强调隐患排查治理的重要性，施工中不断加大安全督查工作力度，开展职工思想观念教育，但是由于基础较差，并没有完全达到预期效果。加之隐患发展为事故并不是必然事件，而是具有一定的偶然性，造成个别生产管理人员，对现场安全隐患整改落实认识不足。因此，在隐患的整改过程中就会存在管理人员不重视、职工不愿做的现象，或者表面上将隐患整改情况反馈到安监部门，而实际上隐患仍未得到有效处理，从而屡屡出现隐患整改不彻底现象。加之监管部门对隐患的假整改现象习以为常，在监督隐患整改方面存在漏洞，最后必然诱发事故。

2. 推行闭环式隐患排查治理的必要性

"隐患不除，事故不止"，只有治理一项隐患，才有可能增加一分安全，我们要深刻认识到安全工作的长期性、复杂性、艰巨性，消除处理隐患的种种不良现象，提高处理事故隐患的责任意识，使管理人员、职工由被动执行变为主动参与、上下联动，形成强有力的文化氛围。

3. 推行闭环式隐患排查治理的目标

通过闭环式隐患排查治理，确保安全生产系统的闭环控制，做到凡事有目标、有管理、有制度、有考核、有结果、有反馈，形成"事事有人管、管理靠闭环、闭环保安全"的闭环式管理模式。以安全文化理念为先导，以制度落实为中心，以动态考核为抓手，不断提高并持续改进，达到安全的循环检查和验收，实现本质型安全企业，达到国家一级、二级、三级安全生产标准化企业要求。

技能点 2：掌握事故隐患闭环管理的流程及具体措施

1. 事故隐患闭环管理的全流程

隐患治理闭环管理是指企业内部为了进一步加强安全隐患排查、统计、分析、治理工作，逐步掌握隐患发生规律，建立的安全隐患编码分析防控闭环体系。隐患治理闭环管理包含以下 10 个环节。

（1）隐患排查环节：各类安全检查、安监人员日常安全督查、管理人员到生产一线督查、其他从业人员发现并提供的信息。

（2）填单登记环节：作业现场隐患确认登记、安全企业信息中心汇报信息登记。

（3）签字确认环节：检查单位和被检查单位责任人对存在的隐患及整改措施签字、确认。本环节包含做出处罚决定。

（4）收集整理环节：将隐患信息收集后，进行筛选、分类、建档。

（5）下达通知环节：隐患整改通知单录入登记，按整改责任区划、责任范围向责任人送达整改通知单。

（6）整改实施环节：按整改要求，落实整改措施，限期消除事故隐患。

（7）监控督查环节：在整改限期时间内，对整改情况进行监督检查。

（8）复查验收环节：接到整改完成报告后，进行整改情况检查、验收。

（9）信息反馈环节：收集整改信息，对完成情况进行登记、报告。

（10）销号登录环节：完成整改项目，销号登记；未完成项目，处罚责任单位、责任人，再下达整改通知，落实整改，直至完成整改、销号。

2. 推行闭环式隐患排查治理措施

（1）强化培训教育、树立安全闭环式隐患排查治理文化理念。

加强对企业新聘职工和在岗职工培训力度。充分利用培训学校集中学习、班前班后会等各种有效形式加强管理人员、职工的安全培训教育力度，大讲特讲闭环式隐患排查治理的目的意义，使隐患闭环管理的理念内化于心、外化于行。

（2）创新工艺流程、规范闭环式隐患排查治理工作体系。

通过积极总结探索提炼，对总结检查的结果进行运用，成功的经验加以肯定并推广，失败的教训逐步融入制度和规程，把"闭环管理"传统的P、D、C、A的四个环节，细化到查、登、确、梳、通、落、检、验、馈、销10个步骤。把未解决的问题放到下一个PDCA循环里。周而复始阶梯式上升，彻底解决一个又一个隐患，使企业安全生产管理水平再上一个新台阶。

（3）严控运行过程、强化隐患整改闭环管理责任落实。

① 查：隐患排查。一是上级安全监管单位检查；二是企业自查；三是企业安监处、车间日常现场检查和专业督察组对薄弱环节的巡查。检查时，对所查出的事故隐患能够现场处理的，立即通知所在生产班组安排人员立即落实整改。对现场不能解决或者不能立即解决的，按照"闭环式隐患排查治理"的运行程序，填写隐患排查执法文书。

② 登：填表登记。上级安全监管部门检查留有"安全检查执法文书"；企业组织的安全自查填写"安全隐患检查整改统计表"：企业领导、职能科室、车间现场检查发现的隐患，通过口头报告、电话汇报，填写"管理干部到一线检查汇报卡"或登记在"安全信息汇报登记台账"上，通过企业信息中心筛选填写"隐患整改通知单"，并对现场"三违"行为的个人和隐患单位，视情节轻重，做出处罚决定。同时在安全生产调度会上通报检查情况和现场处置意见。

③ 确：签字确认。每次检查必须制作隐患排查文书，检查人员和隐患单位在的隐患及整改措施上签字确认。企业信息中心必须每天查阅"安全信息汇报登记台账"分类汇报分管安全的企业领导并落实清楚整改责任人，并签字确认。

④ 梳：收集梳理。企业信息中心将事故隐患进行分类并归类，通过筛选再分为一般和重大安全隐患登记建档，做到日清日结。

⑤ 通：下达通知。一是一般事故隐患，信息员按整改责任范围、整改单位，分别填写"整改通知单"，经分管安全副总或安监处签字，送达责任单位，接到"整改通知单"后接收人签字，做出承诺。二是重大安全隐患，由企业研究、制定整改方案。企业能自行整改，立即组织整改；需要请求上级帮助解决的，提出报告，经批复后，落实整改。对于重大事故隐患，企业实行挂牌督办整改措施。企业信息中心悬挂"重大事故隐患整改牌"，监督整改过程，公示整改进度和整改结果。

⑥ 落：落实整改。隐患单位接到"整改通知单"后，单位负责人必须按照整改通知要求安排人员，落实整改措施，限期内消除事故隐患，并及时汇报整改情况。《安全生产事故隐患排查治理暂行规定》第十五条规定："对于重大事故隐患，由生产经营单位主要负责人组织制定并实施事故隐患治理方案。"

⑦ 检：检查监督。在整改限期内，安监处安排人员，对整改进度进行督查，并接受上级部门对整改情况的监督检查。

⑧ 验：复查验收环节。上级安全监管单位、监管部门检查的隐患，由安监处按照要求的整改日期按时检查验收，需要上级验收的，呈报验收申请。

⑨ 馈：信息反馈。信息员对收集到的整改信息如实登记，及时报告企业领导、分管领导，并说明原因。

⑩ 销：登记销号。一是企业信息中心将已完成经验收合格的整改项目，在隐患整改台账上，做出销号登记，在管理牌板上消除该条隐患内容。未按时按质完成整改的项目，视情节做出处罚决定，重新下达整改通知，进入下一环节，一直到整改完成后才能销号，并每周将隐患整改情况在企业及车间电子大屏上公示。

对所有登记表格"安全检查执法文书""现场隐患排查通知单""事故隐患检查整改统计表""管理干部下一线汇报卡""安全信息汇报登记台账""隐患整改通知单"，必须注明作业地点、施工单位、检查时间、隐患内容、整改措施、整改期限、整改责任人、检查人签字确认等，并收集整理装订存档，以备后查。

（4）完善规章制度、加大闭环式隐患排查治理检查力度。

为全力推进闭环式隐患排查治理工作，企业组织安监处结合工作实际，制定《企业闭环式隐患排查治理管理实施办法》《企业管理人员下一线及抓"三违"的管理办法》等制度，进一步明确工作要求。同时成立工作推进领导小组，加强企业的安全管理，规范隐患排查治理，为全面实施闭环式隐患排查治理奠定组织和制度保障。

（5）推行隐患整改闭环管理的预期效果。

通过推行事故隐患闭环管理能够有效堵塞安全管理中的漏洞，消灭安全管理中的盲区，提高隐患治理执行力，增强职工安全意识，减少"三违"现象，实现安全管理水平不断提高。

子任务 2　事故隐患治理督办与验收销号

技能点 1：掌握事故隐患治理督办方法

1. 督办责任

所有事故隐患（包括一般事故隐患和重大事故隐患）除明确隐患治理的责任单位（部门）、责任人外，还要同时明确隐患治理督办和验收的责任单位（部门）和责任人，对隐患治理进度和过程实施监督管理，以确保事故隐患得到尽早消除。

企业应当建立健全从主要负责人到每位作业人员，覆盖各部门、各单位、各岗位的事故隐患排查治理责任体系，明确主要负责人为本单位隐患排查治理工作的第一责任人，统一组织领导和协调指挥本单位事故隐患排查治理工作；明确本单位负责事故隐患排查、治理、记录、上报和督办、验收等工作的责任部门。企业应当建立事故隐患分级管控机制，根据事故隐患的影响范围、危害程度和治理难度等制定本企业的事故隐患分级标准，明确负责不同等级事故隐患的治理、督办和验收等工作的责任单位和责任人员。

（1）企业督办责任。

为使隐患整改的督办工作行之有效地开展，避免督办工作流于形式，督办责任一般由上一级安全管理部门及其负责人承担。同时，按照主责明确、主体唯一的原则，由分管安全工作的领导承担领导督办职责。

（2）政府督办责任。

地方安全监察部门要有计划地对企业的重大事故隐患治理过程实施监督检查。必要时，要将事故隐患整改纳入重点行业领域的安全专项整治范围加以治理。凡是地方监管监察部门查出的重大事故隐患，治理完成具备验收条件时，企业要及时以书面报告形式报告地方监管监察部门，申请予以验收。

《中华人民共和国安全生产法》第四十一条规定："县级以上地方各级人民政府负有安全生产监督管理职责的部门应当将重大事故隐患纳入相关信息系统，建立健全重大事故隐患治理督办制度，督促生产经营单位消除重大事故隐患。"《安全生产事故隐患排查治理暂行规定》第二十一条要求："已经取得安全生产许可证的生产经营单位，在其被挂牌督办的重大事故隐患治理结束前，安全监管监察部门应当加强监督检查。必要时，可以提请原许可证颁发机关依法暂扣其安全生产许可证。"第二十二条要求："安全监管监察部门应当会同有关部门把重大事故隐患整改纳入重点行业领域的安全专项整治中加以治理，落实相应责任。"

2. 督办升级

未按规定完成治理的事故隐患，企业负责督办的，要升级为上级公司来督办；公司级督办的事故隐患，要升级为集团总部来督办；县级企业安全监管监察机构督办的事故隐患，要升级为地市级企业安全监管监察机构来督办，以此类推。

3．记录和上报

（1）治理情况记录。

企业要全过程记录隐患排查治理、督办、销号的全部信息，并与政府部门互联互通，实现信息共享。条件允许时，企业要建立信息化系统，高效、准确传达隐患治理信息。企业应当建立事故隐患统计分析和汇总建档工作制度，定期对事故隐患和治理情况进行汇总分析，及时发现安全生产和隐患排查治理工作中出现的普遍性、苗头性和倾向性问题，研究制定预防性措施；并及时将事故隐患排查、治理、督办、验收过程中形成的电子信息、纸质信息归档立卷。企业应当建设具备事故隐患内容记录、治理过程跟踪、统计分析逾期警示、信息上报等功能的事故隐患排查治理信息系统，实现对事故隐患从排查发现到治理完成销号全过程的信息化管理。事故隐患排查治理信息系统应当接入企业生产信息平台，并确保事故隐患记录无法被篡改或删除。

《国务院安委会办公室关于实施遏制重特大事故工作指南构建双重预防机制的意见》（安委办〔2016〕11 号）中要求："建立完善隐患排查治理体系。要通过与政府部门互联互通的隐患排查治理信息系统，全过程记录报告隐患排查治理情况。对于排查发现的重大事故隐患，应当在向负有安全生产监督管理职责的部门报告的同时，制定并实施严格的隐患治理方案，做到责任、措施、资金、时限和预案'五落实'，实现隐患排查治理的闭环管理。"

（2）闭环管理。

所有督办范围的事故隐患均要通过有效治理、检查和验收，实现彻底整改，做到隐患闭环管理。

《国务院安委会办公室关于印发标本兼治遏制重特大事故工作指南的通知》（安委办〔2016〕3 号）中要求："实施事故隐患排查治理闭环管理。推进企业安全生产标准化和隐患排查治理体系建设，建立自查、自改、自报事故隐患的排查治理信息系统，建设政府部门信息化、数字化、智能化事故隐患排查治理网络管理平台并与企业互联互通，实现隐患排查、登记、评估、报告、监控、治理、销账的全过程记录和闭环管理。"

技能点 2：熟知事故隐患治理验收销号的要求

1．一般事故隐患的验收与销号

《安全生产事故隐患排查治理暂行规定》第十五条规定："对于一般事故隐患，由生产经营单位（车间、分厂、区队等）负责人或者有关人员立即组织整改。"一般隐患不列入督办隐患清单，只对整改情况进行复查。

2．重大事故隐患的验收与销号

《安全生产事故隐患排查治理暂行规定》第十八条规定："地方人民政府或者安全

监管监察部门及有关部门挂牌督办并责令全部或者局部停产停业治理的重大事故隐患，治理工作结束后，有条件的生产经营单位应当组织本单位的技术人员和专家对重大事故隐患的治理情况进行评估；其他生产经营单位应当委托具备相应资质的安全评价机构对重大事故隐患的治理情况进行评估"。这种评估主要针对治理结果的效果而开展，确认其措施的合理性和有效性，确认对隐患及其可能导致的事故的预防效果。评估需要有一定条件和资格的技术人员和专家或有相应资质的安全评价机构实施，以保证评估本身的权威性和有效性。以上规定表明，重大事故隐患完成治理后，要由验收责任单位（部门）负责验收，验收合格后方可予以销号。

3. 重大事故隐患治理后的工作

《安全生产事故隐患排查治理暂行规定》第十八条规定："经治理后，符合安全生产条件的，生产经营单位应当向安全监管监察部门和有关部门提出恢复生产的书面申请，经安全监管监察部门和有关部门审查同意后，方可恢复生产经营。申请报告应当包括治理方案的内容、项目和安全评价机构出具的评价报告等。"第二十三条规定："对挂牌督办并采取全部或者局部停产停业治理的重大事故隐患，安全监管监察部门收到生产经营单位恢复生产的申请报告后，应当在 10 日内进行现场审查。审查合格的，对事故隐患进行核销，同意恢复生产经营；审查不合格的，依法责令改正或者下达停产整改指令。对整改无望或者生产经营单位拒不执行整改指令的，依法实施行政处罚；不具备安全生产条件的，依法提请县级以上人民政府按照国务院规定的权限予以关闭。"

以上规定表明，重大事故隐患验收后，是否能够组织生产，要根据安全监管监察部门的验收意见来确定。

练习题

一、【填空题】

1. "五落实"即事故隐患治理符合（　　　　）、措施、资金、时限、（　　　　）的落实，实现隐患的全方位排查、闭合式整改。

2. 事故隐患，是泛指生产系统中可导致事故发生的（　　　　）、（　　　　）和管理上的缺陷。

二、【单选题】

1. 根据等级顺序的要求，工程安全技术措施的实施应遵循的具体原则按（　　）的等级顺序选择安全技术措施。

A. 消除、减弱、预防、隔离、连锁、警告

B. 预防、消除、减弱、隔离、连锁、警告

C. 消除、预防、减弱、隔离、连锁、警告

D. 消除、预防、减弱、连锁、隔离、警告

三、【多选题】

1. 事故隐患排查治理四项基本工作：（　　　　）。
   A. 编制排查项目清单　　　　　　B. 确定排查项目
   C. 实施排查　　　　　　　　　　D. 隐患治理

2. 事故隐患排查治理分六步实施：（　　　　）、验收和考核。
   A. 排查　　　　　　　　　　　　B. 记录
   C. 汇报　　　　　　　　　　　　D. 整改

3. 隐患排查的方式主要有（　　　　）、日常检查等。
   A. 综合检查　　　　　　　　　　B. 专业检查
   C. 季节性检查　　　　　　　　　D. 节假日检查

4. 企业隐患排查治理层级自下而上分为（　　　　）、公司五级。
   A. 岗位　　　　　　　　　　　　B. 班组
   C. 车间　　　　　　　　　　　　D. 部委

5. 工程安全技术措施的实施等级顺序是（　　　　）。
   A. 直接安全技术措施　　　　　　B. 间接安全技术措施
   C. 禁止性安全技术措施　　　　　D. 指示性安全技术措施

6. 预防或减轻事故影响的安全措施类型有（　　　　）。
   A. 工程技术措施　　　　　　　　B. 个体防护措施
   C. 安全管理措施　　　　　　　　D. 应急处置措施

四、【判断题】

1.《中华人民共和国安全生产法》第四十一条规定："县级以上地方各级人民政府负有安全生产监督管理职责的部门应当将事故隐患纳入相关信息系统，建立健全事故隐患治理督办制度，督促生产经营单位消除事故隐患。"　　　　　　　　　（　　　）

2.《安全生产事故隐患排查治理暂行规定》第十五条规定："对于重大事故隐患，由生产经营单位主要负责人组织制定并实施事故隐患治理方案。"　　（　　　）

3. 根据《安全生产事故隐患排查治理暂行规定》规定：重大事故隐患完成治理后，验收工作由当地政府安全监管监察部门负责完成。　　　　　　　（　　　）

4. 隐患治理的方式方法是多种多样的，企业必须考虑成本投入，需要以适当的代价取得最适当（不一定是最好）的结果。　　　　　　　　　　　　（　　　）

五、【简答题】

1. 简述企业隐患排查的范围。

2. 简述隐患排查工作程序。

3. 在《安全生产事故隐患排查治理暂行规定》中，一般隐患和重大隐患的含义。

4. 企业应根据评估报告书制定重大事故隐患治理方案。治理方案包括哪些主要内容？

5. 根据《安全生产事故隐患排查治理体系建设实施指南》，隐患治理措施应满足的基本要求有哪些？

6. 分析推行闭环式隐患排查治理的目标。

六、【论述题】

1. 如何提升隐患排查能力？

2. "减弱"这一工程技术措施，具体可以采用哪些方法？

3. 论述隐患治理闭环管理的流程。

模块 5  双重预防机制信息化平台建设与应用

双重预防机制信息化平台运用信息化技术，集成内外资源，实现对安全风险分级管控和隐患排查治理的精准管理。它是企业安全生产信息化的实践，有助于规范安全管理行为，明晰责任，强化预防意识，并解决标准化、智能化不足问题。建立此平台符合国家政策和技术要求，运用平台内置模块对风险进行全面排查、辨识与评估风险，以生产项目为风险管控单元、以风险分级管控与隐患排查治理为切入点，实现生产项目的动态、精准监管，提升安全生产水平，确保形势稳定。通过学习典型案例和平台操作，应掌握其架构和操作，培养信息化工作意识，推动安全信息资源的共享利用。

任务目标

☞ 　知识目标

1. 阐述双重预防机制信息化建设的背景和意义。

2. 认识双重预防机制信息化在企业内部安全管控中的作用。

3. 理解双重预防机制信息平台建设的总体要求。

4. 掌握双重预防机制信息平台技术架构的构建原则，熟悉应用层、服务层、数据层、传输层、资源层五个层级的设计及其功能特点。

5. 理解双重预防机制信息平台的功能要求。

☞ 　能力目标

1. 熟练掌握双重预防机制信息化平台操作技能。

2. 能够利用平台数据识别潜在的安全风险。

3. 能够与团队成员有效沟通，分享学习心得与操作经验。

☞ 　素质目标

1. 培养双重预防机制信息化工作的专业素养，树立信息化、数字化、智能化在安全生产中的重要地位。

2. 树立强烈的风险意识，坚持预防为主的原则，提升对风险的识别、评估与应对能力。

3. 增强对安全生产信息资源的开发利用意识，促进信息资源的交流共享，提升整体安全管理水平。

任务 1　阐述信息化平台建设的背景和作用

双重预防机制信息化建设，源于我国对安全生产的高度重视、信息化技术的持续发展与广泛应用，以及企业对生产安全事故预防的迫切需求。这一建设的背景，既是我国安全生产形势的现实需要，也是对国家政策法规的深入贯彻落实，更是企业为提升安全生产管理水平、自主选择防范事故发生的重要举措。通过信息化建设，能够有力推动安全生产管理的现代化进程，显著提升安全生产水平，确保人民生命财产的安全。

子任务 1　阐述双重预防机制信息化建设背景

技能点 1：掌握双重预防机制信息化国家政策和要求

双重预防机制信息化是党中央、国务院在新时期推进安全生产的重大战略部署，不仅是实现安全生产行之有效的管理办法与管理工具，也是国家强制性推行的安全管控制度。

（1）2016 年年初，习近平总书记在中共中央政治局常委会会议上发表重要讲话，对易发生重特大事故的行业领域采取风险分级管控、隐患排查治理双重预防性工作机制。

（2）《国务院安委会关于实施遏制重特大事故工作指南构建双重预防机制的意见》（安委办〔2016〕11 号）中提出要全面推行安全风险分级管控，进一步强化隐患排查治理，推进事故预防工作科学化、信息化、标准化，实现把风险控制在隐患形成之前，把隐患消灭在事故前面。并对风险分级管控与隐患治理体系的工作目标、建设程序提出了具体要求。

（3）《中华人民共和国安全生产法》第四条规定：生产经营单位必须遵守本法和其他有关安全生产的法律、法规，加强安全生产标准化、信息化建设，构建安全风险分级管控和隐患排查治理双重预防机制，健全风险防范化解机制，提高安全生产水平，确保安全生产。

（4）2021 年 12 月 31 日，国务院安委会《全国危险化学品安全风险集中整治方案》要求："在总结试点建设经验基础上，推进基于信息化的危险化学品企业安全风险分级管控和隐患排查治理双重预防机制建设。"

（5）《"十四五"国家安全生产规划》提出，要推进安全信息化建设，引导高危行业领域企业开展基于信息化的安全风险分级管控和隐患排查治理双重预防机制建设。

技能点 2：掌握双重预防机制实施过程中存在的问题

目前，全国各企业正积极推进双重预防机制的实施工作。经过实践验证，这一机制在风险管理和事故隐患消除方面展现出显著成效，成功将事故预防的关口前移。该机制有效融合了企业在风险管控和隐患排查治理方面的长期创新实践，凸显了其科学性。然而，在具体实施过程中，仍需解决以下问题。

（1）长效机制建设不足：企业在风险分级管控和隐患排查治理方面缺乏系统性制度，导致工作重复、责任不清。

（2）技术力量薄弱：部分企业安全保障技术不足，人员素质差异大，增加了作业中的不确定性。

（3）信息化建设滞后：安全管理手段原始，依赖人工和纸张，信息传递不及时，缺乏信息化、自动化技术应用。

（4）数据融合不足：职业健康安全数据和安全标准化未与双重预防机制融合，影响综合效果。

（5）信息管理工具缺乏：风险点、危险源等数据录入和报送方式落后，难以满足即时管控需求。

（6）信息共享不畅：各层级部门间信息无法及时共享，形成信息孤岛，影响决策效率。

（7）统计分析不足：对风险失控和隐患易发区域缺乏实时统计、分析和预警机制。

（8）追溯预警困难：危险源辨识及隐患排查难以追溯，预警不能分层级及时掌控。

（9）不满足政府监管要求：企业信息化水平不足以满足政府监管部门的报表自动生成等信息化要求。

技能点 3：认识双重预防机制信息化是企业内部安全管控科学化、标准化、智能化的有效手段

企业信息化主要是指企业利用计算机技术和其他现代信息技术装备，通过深入开发和广泛利用信息资源，不断提升企业生产、经营、管理和决策的效率与水平，进而降低运行成本，最终实现提高企业社会效益、经济效益及竞争力的目标。

1. 信息化有助于实现管理透明化

信息化技术将企业管理打造成一个"透明的鱼缸"，使管控工作变得可视化、标准化、数字化与智能化。在这种模式下，安全管控的运行状况变得一目了然，各类安全信息得到全面处理并统一集中呈现。甚至能够以工厂地图形式，运用特定四色（如红、橙、黄、蓝）标识不同风险点状态，并实时更新，确保安全状态清晰无遗。借助分析图表及看板，深入挖掘细节信息及分项汇总，从而全面掌控和及时了解安全管理工作的整体情况，落实安全管理责任体系，便于责任追溯、实时管控与考核，最终实现透明化管理。

2. 信息化有利于责任落实

双重预防机制建设体系建设的核心在于强调风险管控与隐患排查治理的责任落实。明确责任人、责任单位是实现闭环管理的关键，否则制度将形同虚设。责任落实必须与考核措施、绩效考核相挂钩，通过树立典型、奖优罚劣，进一步强化责任的落

实。同时，应将企业全体人员纳入"双重预防机制"建设管理运行的全过程，确保风险管控和隐患排查责任落实到每一层级和每一个岗位，从而真正建立健全企业全员安全生产责任制。

3. 信息化能够提升效率，促进科学分析决策

工业大数据的采集和大数据运营平台的搭建为企业应用人工智能提供了坚实的数据和运行基础。基于大数据分析结果，企业可以对生产设备进行预测性维护，对危险源进行预防性监控。通过信息系统，安全状态信息能够及时推送给相关各方，实现高效快捷的信息传递。特别是自动采集的数据，能够实时反映当前状况，便于及时发现问题并采取应对措施，从而有效防范风险。此外，各监管部门之间、监管部门与企业之间、企业内部各部门之间都能够及时获取信息数据，实现信息的互联互通。

4. 信息化有利于安全风险有效管控与隐患排查治理

从安全管理技术层面出发，立足于企业风险分级管控与隐患排查治理体系建设，对企业安全管理工作进行全面、细致的梳理归纳。这包括对安全知识培训考核、职业健康管理、环境监测、工艺设备监控、作业活动监控以及安全绩效考核等方面的细致分析。同时，结合新技术、智能技术的发展背景，对安全管理流程进行再造，借助新技术手段推动企业内部安全管控工作迈上新台阶。

子任务 2　双重预防机制信息平台的主要建设内容和途径

双重预防机制信息管理平台旨在通过信息化技术，全面实现对安全风险分级管控和隐患排查治理过程的精细化管理，从而构建一个集成企业内部和外部资源的综合性管理平台，确保双重预防机制的高效运行。

在平台建设过程中，我们需明确并掌握其总体要求，具体涵盖以下技能点。

技能点 1：掌握双重预防机制信息平台的总体要求

1. 平台功能集成化

平台应实现信息集成、数据共享、动态管理、交互联动等功能，确保企业安全风险分级管控与隐患排查治理的信息化管理流程得到全面覆盖，提升管理效率。

2. 架构层级与功能等级定制化

根据企业的建设规模、生产设施自动化程度以及所处行业特点，确定合适的架构层级与功能等级，确保平台与企业实际需求相契合，同时实现与其他信息化系统的有机融合。

3. 数据接口预留与对接

平台应预留与各专业配套监测监控系统、单位相关监测监控平台及政府监管部门管理平台连通的数据接口，以便于与其他信息系统的对接集成，实现功能互补和数据互联互通，提升整体信息化水平。

4. 扩展创新应用场景支持

平台应具备支持扩展创新应用场景功能的能力，以适应企业不断发展变化的需求，推动安全管理工作的持续创新。

5. 移动化应用实现

为满足企业移动办公的需求，平台应实现移动化应用，方便信息推送、数据采集及业务处理，提高管理便捷性和实时性。

6. 平台开发与维护更新

企业应依据相关规范开发或改造信息平台，并进行持续的维护更新，确保平台的稳定性、安全性和有效性。

7. 技术路线选择

宜采用 B/S 架构和主流、开放的平台应用框架，以支撑企业安全风险分级管控的信息化、数字化应用需求。同时，平台应优先采用国产自主可控技术路线，确保信息安全可控。

技能点 2：掌握双重预防机制信息平台技术架构

双重预防信息平台应在数据标准规范体系与安全运维保障体系的坚实支撑下，构建其技术架构。该架构将遵循应用层、服务层、数据层、传输层、资源层五个层级的设计原则，确保平台在数据处理、服务提供、信息传输及资源整合等方面的高效运作。技术架构如图 5-1 所示。

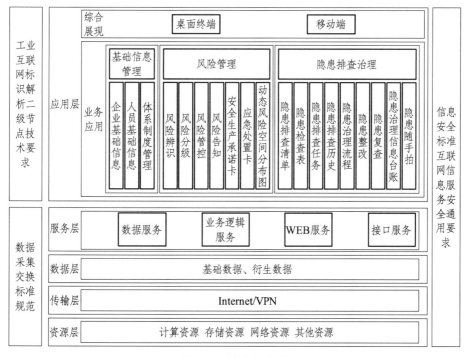

图 5-1 技术架构图

1. 应用层

（1）综合展现：通过大屏幕、桌面终端、手机移动端等多种载体，提供全方位、多维度、多视角的展示功能，实现服务与应用的便捷访问和数据可视化展现。有助于用户直观地了解双重预防机制的运行情况和安全风险状况。

（2）业务应用：涵盖了双重预防机制信息平台的各个功能模块，包括基础信息管理模块（如企业基础信息、人员基础信息、体系制度管理等）、风险管理模块（如风险辨识、风险分级、风险管控等）、隐患排查治理模块（如隐患排查清单、隐患检查书、隐患整改等）。这些模块共同构成了平台的核心业务逻辑。

2. 服务层

作为双重预防机制信息系统的业务逻辑实现层，服务层对服务资源进行配置、组织、装配，以提供信息系统的各种业务功能和接口服务。它包含了数据服务、业务逻辑服务、WEB服务、接口服务等多个方面，确保平台业务逻辑的顺畅运行。

3. 数据层

数据层负责存储应用层和服务层的相关数据，为信息系统的运行和信息共享交换提供数据支撑。它包含了基础数据、衍生数据等，这些数据经过有效管理和利用，能够支持平台的决策分析和业务优化。

4. 传输层

传输层为双重预防机制信息化平台提供数据传输功能，包括 internet、VPN 等多种传输方式。它确保了平台内部以及平台与外部系统之间的数据通信畅通无阻。

5. 资源层

资源层提供了双重预防机制所需的各类资源，包括计算资源、存储资源、网络资源以及其他资源。这些资源为平台的稳定运行提供了坚实的物质基础。

技能点 3：双重预防机制功能要求

1. 基础信息管理

（1）企业基础信息。

涵盖企业统一社会信用代码、名称、地址、所属区域、行业、在册从业人数、负责人联系方式以及安全生产许可相关证照等关键信息。同时，系统应提供编辑和导出功能，以便于信息的更新和共享。

（2）人员基础信息。

建立全面的企业人员基础信息电子档案，实现线上管理。支持按照组织架构进行分级设定，详细记录企业主要负责人、分管负责人及相关人员的信息和职责，确保人员信息的准确性和完整性。

（3）体系制度管理。

构建企业体系制度电子档案，实现线上管理。档案包含安全风险分级管控制度、隐患排查治理制度、企业安全生产责任制、奖惩制度等核心制度，并支持定期更新。系统应提供导出、预览和废止功能，以便于制度的查阅和管理。此外，系统还应支持相关证照到期自动提醒功能，以及对公司和员工资质证照的过期提醒，确保证照的有效性。同时，支持相关人员从业证书和安全培训临期提示，提醒员工及时参加培训和更新证书。

2. 风险管理

（1）风险辨识。

系统依据评估单元进行风险辨识，为企业生成各评估单元的风险辨识数据库。通过统计、分析、整理和归档企业安全风险辨识资料，不断丰富数据库资源，提高风险辨识的全面性和准确性。辨识信息应包括名称、辨识类型、风险因素、日期、辨识对象、地理信息、可能导致的事故类型、辨识人员、审核人员等。风险类别和事故类型应进行分类管理，并支持导入、审核等功能，确保信息的准确性和完整性。

（2）风险评估单元。

根据企业实际情况，系统应将安全风险分析对象划分为多个相对独立的评估单元，并以父子层架形式展示。同时，应提供修改、删除、导入、导出等功能，便于用户灵活管理评估单元。

（3）风险分级。

系统支持多种风险评价方法，如风险矩阵分析法（LS）、作业条件危险性评价法（LEC）、工作危害分析法（JHA）、安全检查表分析法（SCL）以及危险与可操作性分析法（HAZOP）等。用户可根据行业需求和规定选定合适的评估方法。风险等级应以红、橙、黄、蓝不同颜色对应显示，待评价的风险采用灰色显示。此外，系统还应支持风险管控的动态评估内容，确保风险管理的及时性和有效性。

（4）风险管控。

① 风险管控清单：系统生成风险管控清单，包括评估单元、风险因素、风险分级、管控层级、风险责任部门和责任人、主要管控措施等信息。同时，应建立适应于不同行业的管控措施库，并支持批量导入、导出功能。用户可根据需要导出专项风险台账，如有限空间作业风险管控清单等。系统还应支持将管控措施与隐患排查内容相对应，实现风险管控清单自动生成隐患排查清单的功能。

② 风险管控历史记录查询模块：系统记录风险评估过程的历史信息，包括评估单元、评估部门、评估人、评估方法、评估值、评估级别、评估时间等。同时，应支持风险复评、管控人、管控负责人、管控时间、管控措施、预防措施等信息的记录。通过这一模块，用户可全面了解风险管控的整个过程，为风险管理的持续改进提供依据。

（5）风险告知。

系统提供风险告知卡、风险告知牌、风险告知栏等多种风险告知形式。告知内容应包括危险部位名称、编号、存在危险因素、可能伤及人员、紧急应对措施等。风险告知应实现动态管理，支持下载、打印、导入、导出等功能，确保员工及时了解并应对潜在风险。

（6）安全生产承诺卡。

应生成签订"安全生产承诺卡"任务，承诺人确认无误后进行电子签名，生成签订"安全生产承诺卡"记录。

（7）应急处置卡。

系统根据风险管控清单生成应急处置卡，包括岗位易发生事故的类型、应急处置方法、注意事项等信息。用户可编辑、导入、导出应急处置卡，便于员工在紧急情况下迅速采取正确的应对措施。

（8）动态风险空间分布图。

系统支持企业在空间地图上绘制厂区、车间等区域图，并根据风险评估结果以"四色图"形式展示风险空间分布图。通过动态显示区域风险空间分布图，用户可以直观了解企业各区域的风险状况。同时，系统应提供编辑、导入、导出功能，便于用户根据实际需求进行管理和分析。

3. 隐患排查治理

（1）隐患排查清单。

系统应详细列出风险部位、风险因素、管控措施等信息，并包含排查部门、排查责任人、检查频次等关键要素。支持编辑、导入、导出和查询功能，确保隐患排查工作的全面性和准确性。同时，应支持根据风险管控清单自动生成隐患排查清单，提高工作效率。

（2）隐患检查表。

应根据安全风险管控清单中的管控措施，制定隐患排查计划。应包含检查表名称、类型、状态、排查级别、检查部门、排查责任人、排查频次、检查地点、备注说明等信息。应支持从隐患排查清单中选择排查项功能。应支持综合检查、专业检查、季节性检查、节假日检查、日常检查、重点时段及节假日前排查、事故类比排查、复工复产前排查、外聘专家诊断式排查等多种排查类型。

（3）隐患排查任务。

根据隐患检查表周期性生成隐患排查任务，隐患排查责任人按照隐患排查任务开展隐患排查上报工作，支持提交任务、结果记录、导出等功能。隐患排查任务即将到期，支持通过移动端和电脑端进行消息提醒功能，提醒方式支持短信和声音提示功能，对于逾期任务，进行统计记录。应包含检查表名称、检查部位、管控措施、检查人、任务状态、计划开始时间、计划结束时间、提交操作等信息。

（4）隐患排查历史。

应包含风险部位、管控措施、隐患检查人、隐患排查结果、隐患排查时间等信息，宜包含详情图片信息。应支持自动生成隐患排查通报功能，支持对隐患排查流程中涉及的评估人、整改人、复查人等相关责任人员进行消息提醒功能，支持查询、删除、导出功能，支持图片现场拍摄上传功能。

（5）隐患治理流程。

实现隐患上报、审核评估、整改、复查、验收的闭环管理。支持管理人员对隐患进行识别判定，并指派整改负责人。安排整改功能应包含整改部门、责任人、措施等详细信息。复查功能应确保复查工作的及时性和有效性。支持验收销号、关闭和查看功能，确保隐患得到彻底治理。同时，支持预设定整改、复查负责人，并允许管理人员动态指定。对于重大事故隐患，支持推送信息给生产经营单位主要负责人，并上传治理方案。

（6）隐患整改。

详细记录整改过程，包括整改部门、责任人、措施、期限等信息。支持签收人签收任务、提交整改完成情况，并允许放弃整改。确保整改工作的透明度和可追溯性。

（7）隐患复查。

记录复查过程，包括复查部门、人员、内容等信息。支持现场拍摄图片上传，为复查结果提供直观证据。确保复查工作的准确性和客观性。

（8）隐患治理信息台账。

汇总隐患治理的全过程信息，包括排查、整改、复查等环节的数据。支持查看和导出功能，便于用户对隐患治理工作进行全面分析和总结。同时，支持根据隐患治理结果更新风险管控措施，确保风险管理的持续性和有效性。

（9）隐患随手拍。

鼓励员工积极参与隐患排查工作，支持员工通过系统上报发现的隐患。上报内容应包括隐患描述、图片等详细信息，支持审核功能以确保上报信息的真实性。同时，支持整改辨识功能，对上报的隐患进行风险因素识别和分类，为隐患治理提供科学依据。

4. 系统管理

在系统管理中，应确保实现对企业人员、部门、领导机构、岗位等基础信息的有效管理。系统需支持对这些基础信息的增删、修改操作，同时提供导入导出功能，以满足数据管理的便捷性和灵活性。在权限控制方面，系统应支持角色及权限的分配与管理，特别是在企业拥有多个平台时，应确保用户权限的统一性。此外，系统应包含业务字典管理功能，由管理员负责通用字典的维护，以便用户在信息录入时能够准确选择。同时，系统还应支持企业发布和查看各类通知及公告，确保信息的及时传递。最后，系统应提供用户登录日志、操作日志、在线情况的查询、查看和导出功能，以便进行用户行为分析和系统监控。

5. 可扩展模块

系统可拓展多个典型场景的功能模块，包括但不限于个人安全绩效评估、应急资源管理、现场电子巡检、承包商信用管理、视频行为分析、安全教育培训考试管理、人员定位统计管理、门禁管理、设备生命周期管理、电子作业票以及重要生产数据实时监测管理等。

（1）个人安全绩效评估。

该功能支持安全生产目标责任的制定、分解、实施、检查、汇总分析以及指标考核管理。

（2）应急资源管理。

涵盖应急预案制定、应急演练计划与实施、应急物资管理、应急通信协调以及应急总结评估等多方面内容。

（3）现场电子巡检。

系统支持自定义配置巡检参数，如温度、压力等关键指标。同时，系统可设定设备参数的正常值范围，一旦超出正常范围，系统将自动推送报警信息至相关责任人，确保问题得到及时处理。

（4）承包商信用管理。

该功能涵盖承包商单位基本信息、单位资质、承包商施工团队信息记录、承包商评定、承包商违章记录、承包商人员基本信息、人员资质证书、承包商及人员黑名单等信息。

（5）视频行为分析。

基于人工智能技术，对企业重点区域和高风险环节进行视频动态监控预警管理。

（6）人员定位统计管理。

该功能支持实时显示监控区域内员工、外来施工人员、访客等数量，并在地图上实时显示所有人员的位置。同时，系统支持分区域、分类别显示统计数量，提供地图总览（3D展示、可分楼层展示、可以突出显示某个重点区域）功能。

（7）门禁管理。

支持卡口信息、人员基本信息、岗位信息、车辆基本信息以及进出区域权限信息等基础信息的管理和维护。

（8）设备生命周期管理。

建立涵盖设备入库、保养、运行状态、检修、报废等全流程的信息化监测系统。建立台账管理、保养维修管理、变更管理等功能。

（9）安全教育培训考试管理。

该功能支持培训资料、计划的在线管理，提供在线学习平台以及培训档案管理功能。同时，支持在线考试管理，包括题库、试题、试卷、评分等管理功能。

（10）电子作业票管理。

支持在线申请、审批以及实现电子签名、导出、打印、归档各类特种作业票等功能。

（11）重要生产数据实时监测管理。

支持将 DCS 系统、SIS 系统、GDS 系统数据与监测平台进行对接，实现重要生产数据的实时监测。对于未在规定时间内处理的报警信息，系统将实现电脑端、移动端的信息推送功能，确保问题得到及时处理。

6. 移动端

应具备隐患排查任务和预警信息接收、现场隐患排查情况实时上报、隐患治理全程跟踪等功能。支持无网络环境下离线缓存功能。应具备信息通知、查询、上报、推送、数据采集及业务处理基础功能。

技能点 4：分析双重预防机制信息平台建设途径

1. 领导重视、全员参与是信息化建设的前提

领导重视是推进双重预防机制信息化管理的关键。企业需更新安全管理理念，树立人本思想，建立长效机制，善于利用信息化管理工具。同时，应结合现有的安全组织机构或安全生产委员会，建立推动信息化建设的组织机构，明确职责，建立涵盖人、财、物的条件保障系统，指定专业部门与专门人员有序推进、及时总结、持续改进。

风险辨识与隐患排查涉及到生产工艺、设备设施、作业环境、人员行为和管理体系各个环节。从企业的组织体系来看，安全、生产、技术、设备、人力资源、运输、销售、采购、财务、行政后勤等有关职能部门都与"双重预防机制"建设直接相关。准确来说，双重预防机制信息化建设就是全员参与的一项创新管理。全员参与就是从基层岗位开始辨识分析风险、落实风险控制措施，进而对照风险管控措施的有效性，开展有针对性隐患排查治理，从而遏制事故发生。围绕岗位风险管控和遏制事故开展企业全员培训，让每一名员工充分了解本岗位风险点的风险类别、风险等级、管控措施等基本情况，熟练掌握本岗位隐患排查治理、事故防范措施和应急处置程序，提高事故防范能力，培养正视风险、重视风险、管控风险的安全意识。

2. 辨识与治理是做好信息化建设的基础

风险分级管控的目的在于防止风险转化成隐患，确保风险的可控在控。风险辨识与隐患排查是风险管控、隐患排查的难点，需要全面、有效地辨识排查生产工艺、设备设施、作业环境、人员行为和管理体系全过程的风险与隐患。

随着技术进步，新产品、新技术、新工艺、新材料、新设备的不断涌现，新的未知风险也在滋生。因此，风险辨识与隐患排查工作需要具备专业性和技术性，企业应对选用的生产工艺、设备设施、原材物料有充分的理解消化能力，能够清晰地判定各种风险因素。

企业风险辨识与隐患排查是开展双重预防机制信息化建设的首要条件。如果企业辨识、排查能力不足，切不可盲目进行，以免埋下风险和隐患。特别是在当前危险化学品企业面临技术交流少、技术差别大、创新能力不足的现状下，风险的辨识与隐患排查更显重要。企业可以借助外部力量或聘请第三方专业机构进行此项工作，确保风险、隐患得到全面排查和治理。

3. 科学构建管理流程、实施业务流程再造是重点

业务流程再造是对业务处理的核心过程进行根本性的重新思考和彻底设计，旨在显著提升企业的关键性能，如成本、质量、安全、服务及速度。在危险化学品企业的信息化进程中，业务流程和管理理念的滞后常常成为信息化进程的瓶颈。不合理的管理流程不仅浪费资源，还可能因决策效率低下、职责不清而影响管理效能，甚至导致安全事故。

因此，在构建"双重预防机制"信息化建设之前，必须深入分析企业现有的安全管理业务流程。根据流程清晰、权责分明、快速高效的原则，剔除不合理项，实施安全管理业务流程再造，并将优化后的流程融入信息化系统中。

4. 充分利用大数据，让安全管理更简单、更高效

在智慧信息设施（网络、数据）的基础上，利用云计算服务模式，构建高效的安全信息系统。借助大数据技术，对海量感知数据进行处理、挖掘与信息处理，为"双重预防机制"的建设和运营提供多层次、高效率的智能化服务。

工业大数据的采集和大数据运营平台的搭建，为企业人工智能应用提供了坚实基础。通过大数据分析，企业可以实时控制风险、落实隐患排查责任、自动预警生产设备维护情况，显著提升安全决策及管控水平，从根本上改善企业的本质安全状况。

5. 持续创新是信息化建设的生命力

企业信息化的过程就是一个持续创新的过程。"双重预防机制"信息化是一个持续、动态的工作机制，风险、隐患会随着认知水平的变化和内外部环境的变化而不断变化。

企业的信息化促进了双重预防机制的科学化、标准化、智能化。随着人工智能的快速应用，未来必将与重大的社会经济变革、教育变革、思想变革、文化变革同步发展。企业安全管理观念的更新，安全管理工作的科学化、标准化、智能化，将有力地推动企业信息化水平的提升。信息化的持续创新将显著改善安全管理，使安全管理更简单、更有效，从而进一步提升企业的核心竞争力。

任务 2 企业双重预防信息化平台建设实践

本模块任务 1 已经对双重预防机制信息化平台做了详细的介绍，但百闻不如一见，任务 2 我们将带领大家看看真实的双重预防机制信息化平台的样子。

技能点 1：学习双重预防机制信息化平台案例

平台简介：本系统是某公司建设的双重预防机制隐患排查系统。

1. 检查任务管理

（1）检查任务列表。

该页面可查看所有任务，也可以根据任务状态进行切换任务，同时可对任务进行编辑、删除、查看（见图 5-2）。

图 5-2 检查任务管理概览

（2）创建检查任务。

先填写基本信息之后点击保存（见图 5-3）。

图 5-3　创建检查任务

（3）检查任务创建成功。

创建任务成功之后可以在下方看到已创建的任务，之后可以继续创建任务（见图 5-4）。

图 5-4　检查任务创建成功

（4）检查任务详情。

点击"查看"按钮进入（见图 5-5、图 5-6）。

图 5-5 查看任务

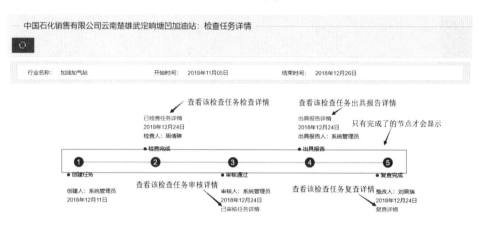

图 5-6 任务详情

2. 专业隐患检查

（1）我的检查任务。

该页面可看到当前用户所有的检查任务，包括待审核、返回修改、我已检查（见图 5-7）。

图 5-7 用户任务列表

（2）隐患检查。

点击"开始检查"进入检查页面（见图 5-8、图 5-9）。

图 5-8　待检查任务

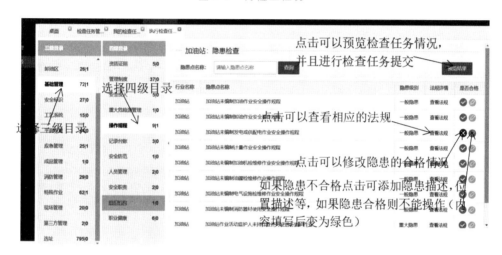

图 5-9　隐患检查详情

（3）添加隐患描述。

先将隐患变为不合格，之后点击"编辑"按钮（见图 5-10 ~ 图 5-12）。

图 5-10　调整隐患合格选项

图 5-11　添加隐患描述

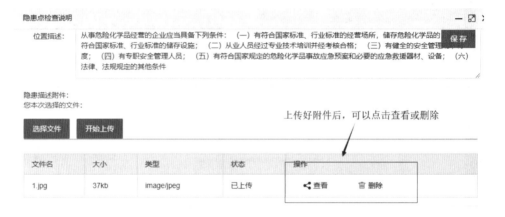

图 5-12　查看隐患描述附件

（4）条件查询隐患点。

如图 5-13、图 5-14 所示。

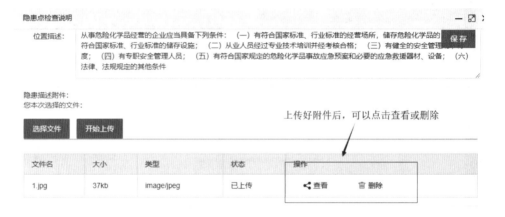

图 5-13　搜索查询任务

图 5-14　查询结果

（5）执行检查任务预览。

点击"预览结果"，预览检查的结果（见图 5-15 ~ 图 5-17）。

图 5-15　任务预览

图 5-16　任务预览详情

图 5-17　任务详情修改

（6）返回修改列表。

点击"修改检查"可对未通过审核的检查任务进行重新检查（见图 5-18）。

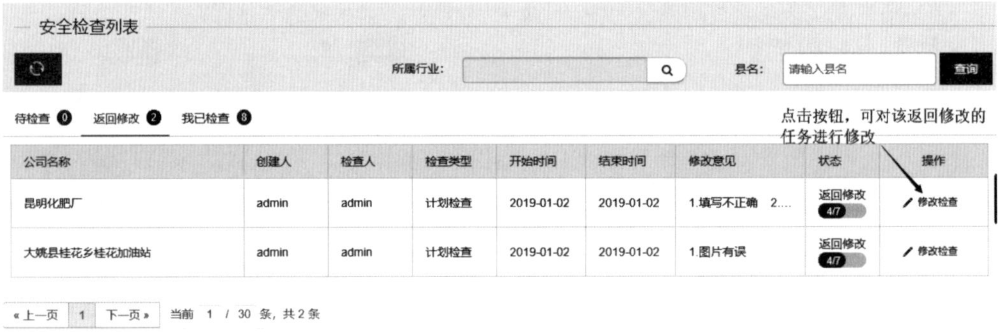

图 5-18　返回修改列表

（7）修改隐患检查。

如图 5-19 所示。

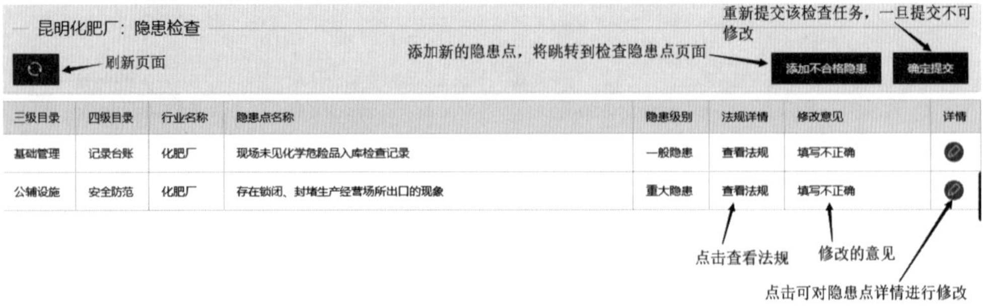

图 5-19　修改隐患检查

（8）我已检查列表。

如图 5-20～图 5-22 所示。

图 5-20　我已检查列表

图 5-21　查看详情

图 5-22　查看结果

3. 检查任务审核

（1）检查任务审核列表。

包括待审核、返回修改、我已审核（见图5-23）。

图 5-23　检查任务审核列表

（2）检查任务审核。

点击"审核"按钮，进入审核页面（见图5-24、图5-25）。

图 5-24　检查任务审核

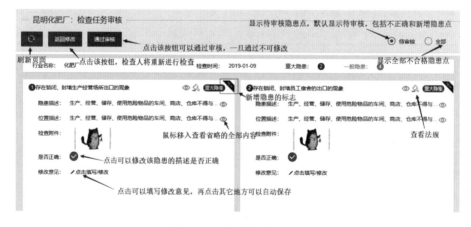

图 5-25　任务审核页面

（3）审核通过后，返回已审核任务列表。

如图 5-26 所示。

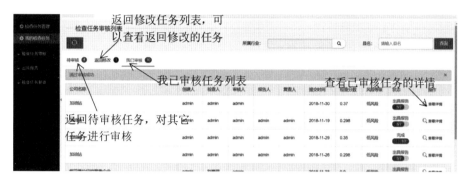

图 5-26　已审核任务列表

（4）我已审核任务详情。

如图 5-27、图 5-28 所示。

图 5-27　查看详情

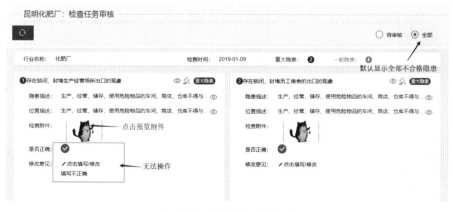

图 5-28　已审核任务详情

（5）返回修改任务详情。

如图 5-29、图 5-30 所示。

图 5-29　返回修改任务列表

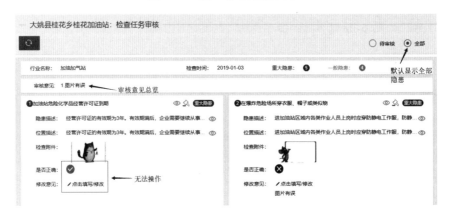

图 5-30　返回修改任务详情

4. 检查任务出具报告

（1）检查任务出具报告列表。

包括待出具报告、我已出具报告（见图 5-31）。

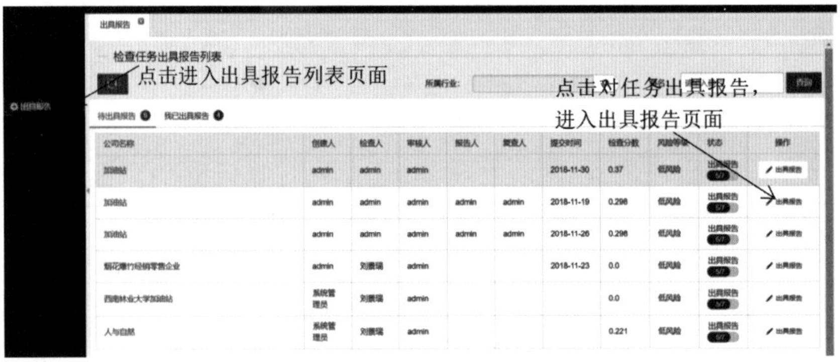

图 5-31　检查任务出具报告列表

（2）检查任务出具报告。

如图 5-32、图 5-33 所示。

图 5-32　出具报告

图 5-33　检查出具报告详情

（3）填写整改意见。

如图 5-34 ~ 图 5-36 所示。

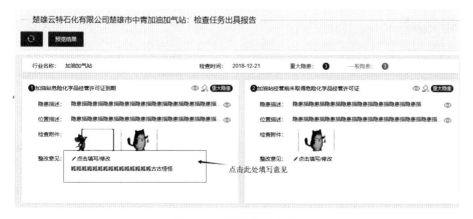

图 5-34　填写整改意见

图 5-35　自动保存

图 5-36　保存成功

（4）预览出具报告结果。

如图 5-37、图 5-38 所示。

图 5-37　预览结果

图 5-38 预览报告结果

（5）提交出具报告结果。

如图 5-39 所示。

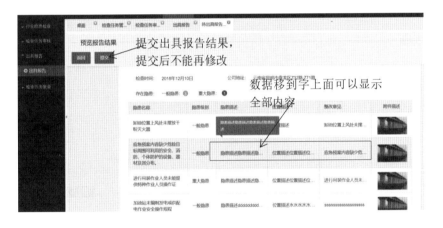

图 5-39 提交出具报告结果

（6）返回我已出具报告任务列表。

如图 5-40 所示。

图 5-40 已出具报告任务列表

163

（7）查看已出具报告详情。

如图 5-41、图 5-42 所示。

图 5-41　查看详情

图 5-42　已出具报告任务详情

5. 检查任务复查

（1）检查任务复查列表。

包括待复查、我已复查列表（见图 5-43）。

图 5-43　检查任务复查列表

（2）检查任务复查。

如图 5-44、图 5-45 所示。

图 5-44 复查

图 5-45 检查任务复查详情

（3）复查附件上传。

如图 5-46 ~ 图 5-48 所示。

图 5-46 复查附件上传

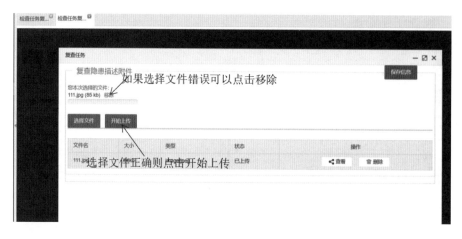

图 5-47　附件已上传

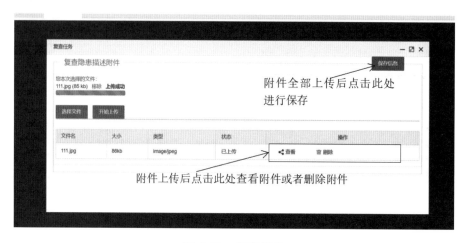

图 5-48　保存信息

（4）填写复查描述。

如图 5-49 ~ 图 5-51 所示。

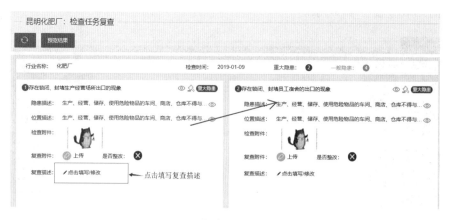

图 5-49　检查任务复查详情

图 5-50 填写复查描述

图 5-51 保存成功

（5）预览复查结果。

如图 5-52、图 5-53 所示。

图 5-52 预览结果

图 5-53　预览结果详情页

（6）提交复查结果。

复查结果一旦提交将不可修改，如图 5-54 所示。

图 5-54　提交复查结果

（7）返回已复查任务列表。

如图 5-55 所示。

图 5-55　已复查任务列表

（8）查看复查任务详情。

如图 5-56、图 5-57 所示。

图 5-56 查看详情

图 5-57 复查任务详情

技能点 2：体验隐患排查系统的使用

隐患排查与治理符合 PDCA 循环理念，其运作流程如图 5-58 所示。作为一位企业安全管理人员，如何使用隐患排查系统呢？可以使用手机完成从下达检查任务到复查后数据统计的信息管理工作，使用电子表单替代纸质巡检记录，数据保存及统计方便快捷。

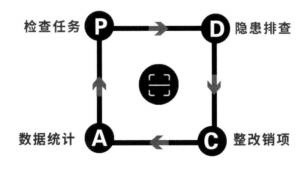

图 5-58 隐患排查 PDCA 循环图

1. 从隐患记录到下达整改任务

通过微信小程序或者微信扫码，填写检查记录、隐患信息录入隐患图片、隐患区域、隐患描述等，通过系统设置整改人、定时完成整改（见图5-59）。

隐患信息填写　　　　　　设置整改人　　　　　　整改任务通知

图5-59　从隐患记录到下达整改任务

2. 从隐患整改到提交复查结果

整改流转，微信收到整改通知后，点击即可开始整改，整改完成后录入整改信息，上传整改照片，再通过系统通知业务管理人员复查，完成检查整改闭环管理（见图5-60）。

整改信息填写　　　　　　复查通知　　　　　　复查完成

图5-60　从隐患整改到提交复查结果

3. 生成隐患检查情况记录表

建立隐患检查档案：生成检查信息、隐患信息、复查信息等电子记录，可在后台打印形成检查资料备查（见图 5-61）。

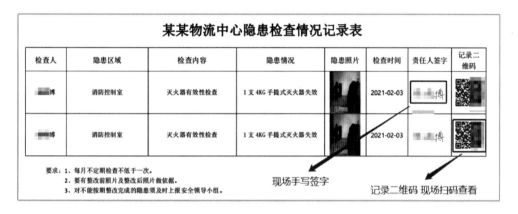

图 5-61　生成隐患检查情况记录表

练习题

一、【名词解释】

1. 视频行为分析
2. 企业基础信息

二、【填空题】

双重预防机制信息平台技术架构遵循（　　　　　　　　）五个层级的设计原则。

三、【简答题】

1. 列举双重预防机制信息化的优点。
2. 双重预防机制实施过程中存在的问题。
3. 简述双重预防机制信息平台建设的有效途径。

模块6　绩效动态评估与持续改进

　　企业内部的风险分级管控和隐患排查治理工作应该持续进行。结合安全管理工作的具体实际，将风险分级管控和隐患排查治理工作与生产管理相结合，与各单位、生产部门的日常工作融合起来。在机构运行的过程中，推动各单位、生产部门持续开展风险排查、巡检工作，将这种行为内化为各生产部门的自主行为。生产部门负责人应安排专门的检查人员每天对生产工作进行巡查，确保工作人员按照要求开展工作，各生产设备稳定运行。此外，企业应定期安排相关机构进行安全检查和隐患排查，控制风险，治理隐患。按照分级管控的原则，查出来的风险和隐患也应分级负责，由谁查出就由谁监督相关部门进行整改，最后再验收整改的成果，实现管控和治理的闭环管理。企业持续推进双重预防机制应抓住关键环节，严抓严控，压实各级安全责任，在企业内部营造按照规章制度进行生产活动的氛围，杜绝各类安全事故的发生。

任务目标

☞　**知识目标**

1. 能够掌握绩效动态评估的概念。

2. 能够掌握持续改进的概念。

☞　**能力目标**

1. 能够描述双重预防机制绩效动态评估的内容。

2. 能够描述双重预防机制持续改进的方法。

3. 能够填写风险分级管控及隐患排查治理体系运行情况评审记录表。

4. 表述双重预防机制持续改进核心理念。

☞　**素质目标**

1. 培养双重预防机制绩效动态评估的工作理念。

2. 养成持续改进的工作思路。

任务 1　双重预防机制的绩效动态评估

绩效动态评估，作为衡量双重预防机制实施效果的关键手段，通过实时监测与深入评估各项绩效指标，旨在确保组织目标得以达成，并有效应对潜在问题。双重预防机制，作为一种综合性的质量管理与风险管理方法，其核心在于通过预防和纠正措施，从根本上杜绝质量与风险隐患。而绩效动态评估，正是这一机制得以有效运转的重要保障。

技能点 1：绩效动态评估的深入理解与实施

1. 绩效动态评估的概念

绩效动态评估，即通过系统监测与评估各项绩效指标，实时了解双重预防机制的实施效果，并据此制定针对性的持续改进策略。其根本目的在于确保组织绩效达到既定目标，同时及时发现并解决潜在问题。

2. 绩效动态评估的作用

绩效动态评估在双重预防机制中发挥着至关重要的作用。具体表现在以下几个方面。

（1）监测预防措施的实施情况：对预防措施的制定、培训及执行情况进行全面评估，确保预防措施的有效实施。

（2）评估纠正措施的有效性：分析纠正措施的执行效果，包括问题解决的程度及再发生的可能性，以优化纠正策略。

（3）评估绩效指标的达成情况：针对质量、效率及客户满意度等关键指标，进行定期评估，以衡量整体绩效。

（4）监测风险事件的发生情况：对风险事件的类型、频率及影响程度进行深入分析，为风险管理提供决策依据。

通过绩效动态评估，组织能够获取双重预防机制实施效果的全面信息，进而制定针对性的改进策略，持续提升组织绩效。

3. 绩效指标的选择与设置

选择并设置合理的绩效指标，是确保双重预防机制实施效果评估准确性的关键。在指标选择上，应遵循以下原则。

（1）目标一致性。

绩效指标应与双重预防机制的目标一致。确保选择的指标能够准确反映出预防和纠正措施的实施效果，以及质量问题和风险事件的发生情况。

（2）可量化性。

绩效指标应具备明确的量化标准，以便进行客观、准确的评估。这样可以更准确地了解实施效果，并进行比较和分析。

（3）效能性。

绩效指标应能够反映双重预防机制的效能，重点关注关键质量与风险问题，如问题解决时间、问题再发生率、纠正措施的效果等。

（4）可比性。

绩效指标应具有横向与纵向可比性，便于组织内部及行业间的比较与分析。这样可以更好地评估实施效果，并找到改进的方向。

（5）可操作性。

绩效指标应易于操作与监控，能够通过采取相应的行动来直接影响和改善指标结果。特别是那些能够通过预防措施和纠正措施来有效影响和改变的指标，应成为优先选择的对象。

（6）综合性。

绩效指标应综合考虑多个方面的因素，如质量、效率、成本等。这样可以更全面地衡量双重预防机制的实施效果。

绩效指标的选择和设置应该根据组织的具体情况和需求进行调整和优化。定期评估和调整绩效指标，以确保其适应组织的变化和发展。

4. 绩效动态评估方法

在实施绩效动态评估时，可采用以下多种方法以确保评估的准确性和有效性。

（1）指标评估法。

通过定期收集和分析与绩效指标相关的数据，了解实施效果的优劣及潜在问题。

（2）绩效评估法。

结合问卷调查、访谈及观察等多种手段，对双重预防机制的整体绩效进行全面评估。

（3）风险评估法。

通过识别、评估和控制潜在风险，降低质量与风险事件的发生概率及影响程度。

在评估过程中，应确保评估计划的合理性、数据的准确性和评估结果的客观性。同时，评估结果应及时反馈至相关部门和人员，以便制定针对性的改进措施并持续优化双重预防机制的实施效果。

5. 绩效动态评估的实施步骤

绩效动态评估的实施步骤应严谨有序，以确保评估结果的准确性和有效性。一般而言，该过程可分为以下三个关键环节：数据收集、数据分析和评估报告的编制。

（1）数据收集。

首先，需明确数据收集的目标和范围。这要求根据绩效评估的具体指标和目标，精准确定所需收集的数据类型及边界。数据可涵盖定量与定性两大类，如具体指标数值、问题解决时长等量化信息，以及通过调查问卷、观察记录、深入访谈等方式获取的性质描述。在收集过程中，务必确保数据的真实性和可靠性，以作为后续分析的基础。

（2）数据分析。

数据收集完毕后，需进行分析和整理工作。这一步骤旨在去除异常值和缺失数据，确保数据集的完整性和可用性。随后，运用适当的统计方法和工具对数据进行深入分析，以揭示实施效果及绩效指标的达成情况。在此过程中，可借助图表、趋势线等可视化手段，直观呈现数据分析结果，便于理解和解读。

（3）评估报告的编制。

评估报告的编制是绩效动态评估的重要成果。报告应详细阐述绩效指标的达成情况，深入分析实施效果，并识别存在的问题和潜在的改进机会。基于评估结果，提出切实可行的建议和改进措施，旨在进一步优化双重预防机制的实施效果。报告完成后，需提交给相关人员，如管理层、质量团队等，并与之就评估结果和建议展开深入讨论。这一环节有助于确保报告内容得到广泛理解和认可，并推动改进措施的有效实施。

在整个评估过程中，需严格保障数据的保密性和安全性，同时确保评估工作的客观性和公正性。此外，绩效动态评估应作为一个持续进行的过程，以便及时发现新的问题和改进机会，并根据实际情况对评估流程和方法进行适时调整和优化。

技能点 2：把握双重预防机制绩效动态评估时机

每年至少对本企业双重预防体系的充分性、有效性、适宜性进行一次评审。尤其是要重点对风险管控措施的针对性、可行性和有效性进行评估，确保风险降低至可接受程度。根据评估结果，对工作流程、规章制度、风险评估、分级管控、隐患排查治理等各环节进行修改完善，确保"双重预防体系"体系持续有效运行，应在以下时机对双重体系进行全面或部分评价。

1. 依据的法律、法规、规章、标准的有关规定发生重大变化

例如：应急管理部公布的《工贸企业有限空间作业安全规定》中规定"对于存在硫化氢、一氧化碳、二氧化碳等中毒和窒息等风险的有限空间作业，应当由工贸企业主要负责人或者其书面委托的人员进行审批，委托进行审批的，相关责任仍由工贸企业主要负责人承担。未经工贸企业确定的作业审批人批准，不得实施有限空间作业。"因此，很多存在化粪池、酱菜池的企业，应该重新对有限空间危险源点进行辨识，采取管理措施，并作为重点实施监督。

2. 企业设备设施发生增加或减少

企业增加新的设备，应根据设备情况增加新的风险，设备减少，也要相应的减少风险。例如：某企业将搬运叉车升级改造为智能机器人，应把原来的三级风险（车祸伤害）对应降为四级风险。

3. 设备使用或停放环境发生重大变化

例如：某工厂将存放在仓库里的油罐移到室外存放，需将风险点所在表格里的管控区域进行改变，相应风险也随之减少，管控人员也需要发生相应变动。

4. 企业新增物料或更换物料，或生产环境发生变化

例如：某液氨制冷冷库，用于制冷的液氨属于易燃易爆有毒液体，现由于生产需要，把液氨改成氟利昂，一级风险变成三级风险，液氨泄漏浓度监测改为氟利昂泄漏监测。

5. 发生伤亡事故或相关行业发生事故，对事故、事件或其他信息产生新认识

例如：某年电瓶车火灾事故频发，所在企业如有电瓶车，应借鉴这些事故，检查企业电瓶车及充电设施和区域。如果是单独区域，即使发生火灾也不会造成重大事故，但如果企业的电瓶车在仓库里，有很多杂物，一旦火灾就会造成严重后果。该企业就需要进行整改，移出电瓶车或移除杂物。

6. 组织机构或重要管理人员发生变化

例如：某设备操作工张三换岗，李四接替，管控人员也由张三换成李四。

7. 补充新辨识出的风险点或需更新不适宜的风险条款

例如：通过逐点评审，发现车间里有一个 10 立方储水罐没有进行新风险辨识，补充辨识其为有限空间并增加监管措施。

再如：某交通道路原计划需增加防护栏，后经过评估，不适宜增加，把相应条款删除。

8. 企业认为应当修订的其他情况

当企业认为应当修订的其他情况出现时，也应纳入考虑范围，以确保双重预防体系的全面性和适应性。

技能点 3：编制双重预防机制运行情况评审记录表

根据企业实际情况，编制"双重预防机制运行情况评审记录"，下面是某公司的评审记录表。

表 6-1 某公司双重预防机制运行情况评审记录表

评审内容	双重预防机制运行情况	评审人员	
评审日期	年　月　日	评审负责人	
风险分级管控体系运行情况及问题： 1. 双重预防体系建设相关的制度尚不完善； 2. 存在风险点排查的疏漏点； 3. 相关工作岗位的风险告知力度需要加大； 4. 隐患排查全员参与率低			
隐患排查治理体系运行情况及问题： 1. 隐患治理整改的相关资料台账需要完善； 2. 隐患排查清单需要根据公司实际情况进行更新			
整改措施： 针对以上不足，公司准备制定相关整改措施，逐条进行整改，进一步加大对隐患的排查和治理。			
评审意见		记录人	

任务 2　双重预防机制的持续改进

技能点 1：持续改进的概念与方法

1. 持续改进的概念

持续改进不仅是一种管理方法，更是组织追求卓越、实现持续发展的核心理念。它强调通过不断地识别、分析和改进工作中的问题，以提高组织的整体绩效和效率，确保组织在竞争激烈的市场环境中保持领先地位。

2. 持续改进的方法

（1）PDCA 循环。

PDCA 循环是指计划（Plan）、执行（Do）、检查（Check）和行动（Act）的循环过程。在这个过程中，组织首先制定改进计划，然后执行计划，并收集数据进行检查和评估，最后根据评估结果采取行动进行调整和优化。

Plan（计划）：在这个阶段，目标是确定问题、设定目标和制定改进计划。通过分析数据和现有情况，确定问题的根本原因，并制定改进的目标和计划。

Do（执行）：在这个阶段，目标是执行计划并收集数据。根据制定的改进计划，执行相应的操作，并记录执行过程中的数据和观察结果。

Check（检查）：在这个阶段，目标是评估执行结果并分析数据。通过比较实际结果和预期目标，评估改进的效果，并分析数据以确定问题是否得到解决。

Act（行动）：在这个阶段，目标是采取适当的行动来巩固和持续改进。根据检查阶段的分析结果，采取相应的行动，包括修正错误、优化过程、加强培训等，以确保问题得到解决并提高绩效。

完成一轮 PDCA 循环后，可以根据实际情况，决定是否需要进一步改进或重复执行 PDCA 循环。通过不断地循环执行 PDCA，组织可以建立持续改进的文化和机制，不断优化工作流程，提高效率和质量。

（2）风险管控与隐患排查治理的持续改进。

物质世界是在从安全到风险的不断循环中存在和发展的。所以，企业通过自己对查出的隐患做到责任、措施、资金、时限和预案"五落实"对重大事故隐患严格落实"分级负责、领导督办、跟踪问效、治理销号"制度。持续改进整个安全管理活动，采用 PDCA 循环是一项活动有效的工作程序，对检查的结果制定对策措施，或制定作业指导书和方案，逐一制定对策，使用过程决策程序图或流程图等具体实施步骤将双重预防机制落到实处。

（3）双重预防机制与安全生产标准建设。

在完善和改进中发现安全生产制度和措施不适宜、不能充分反映隐患和风险实际情况或者不能有效防止安全生产事故发生时应及时纠正，采取预防措施并应制定具体的实施方案并予以保持，不断降低、控制或消除各类安全风险和危害。开展安全绩效评定、评估与分析，发现双重预防机制在管理过程中的责任履行、系统运行、检查监控、隐患整改、考评考核等方面存在的问题，主要负责人及时提出纠正、预防的管理方案。企业各级管理人员和管理部门对双重预防机制工作保持高度的关注，要有常抓不懈的思想和查找问题的能力。通过标准化的管理手段，消除生产中可能存在的人的不安全行为和物的不安全因素，最大限度地降低安全隐患。不断提高安全生产管理水平，强化提高安全生产标准化，全面落实安全生产责任制及时检查和消除各种安全隐患和不安全因素，杜绝各种安全事故发生。在双重预防机制建设中进一步完善安全生产标准化的目标、方针、管理制度、操作规程，积极开展安全生产标准化建设工作，确保工作质量；不断巩固建设双重预防机制取得的成果，坚持与时俱进、突出建设重点、解决突出问题，做到持续改进和升级，切实提高安全生产标准化建设水平，不断提高安全绩效。加大宣传力度，及时广泛宣传工作进展和好的经验做法，为双重预防机制建设推进工作营造良好的氛围，实现双重预防机制的持续改善。

技能点 2：掌握持续改进方案及总结反思步骤

1. 持续改进优化方案

（1）分析评估结果。

对检查评估中发现的问题进行深入分析，找出根本原因和薄弱环节。

（2）制定改进措施。

针对问题制定具体的改进措施，明确责任人和完成时限。

（3）跟踪验证效果。

对改进措施的实施情况进行跟踪验证，确保问题得到彻底解决。

（4）完善双重预防机制。

根据改进措施的实施效果，不断完善双重预防机制，提高安全生产水平。

2. 总结反思经验教训

（1）及时总结经验。

对双重预防机制实施过程中的成功经验和做法进行总结，形成可推广的经验。

（2）深刻反思教训。

对发生的事故和问题进行深刻反思，剖析原因，找出教训。

（3）开展经验交流。

组织员工开展经验交流活动，分享成功经验和反思教训，提高员工的安全意识和技能水平。

（4）纳入培训计划。

将总结反思的经验教训纳入双重预防机制安全生产知识培训计划中，不断提高员工的安全生产素质。

练 习 题

一、【填空题】

1. 绩效动态评估方法有：（　　　　　）、（　　　　　）、（　　　　　）。

2. 选择并设置合理的绩效指标，是确保双重预防机制实施效果评估准确性的关键。指标选择应遵循这些原则：（　　　　　）、（　　　　　）、（　　　　　）、（　　　　　）、（　　　　　）、（　　　　　）。

二、【简答题】

1. 简述绩效动态评估的作用。

2. 简述双重预防机制持续改进的几种方法。

3. 简述持续改进方案及总结反思步骤。

4. 绩效动态评估的实施步骤。

附　录

某公司安全教育培训管理办法

第一章　总　则

为做好某公司安全教育培训管理工作，提高从业人员安全素质，减轻职业危害，防范生产安全事故，根据国家有关规定，结合公司实际，制定本办法。

公司安全生产教育培训实行"统一规划、统一标准、分级管理、逐级负责"的原则。

本办法适用于公司各部门、区域管理机构、各级全资控股公司（以下简称各单位）。

第二章　组织管理

公司安全管理部门是公司安全教育培训归口管理部门，负责拟定公司安全教育培训计划，并督促、检查、考核各单位的安全教育培训工作。对公司总部、分公司的安全管理人员的教育培训，由公司安全管理部门组织实施。对项目公司从业人员的安全教育培训，由分公司、项目公司组织实施。

各单位的安全生产第一责任人，对本单位安全生产教育培训工作负责，组织制定并实施本单位安全生产教育和培训计划。

公司安全管理部门每年一次对公司总部、分公司的安全管理人员进行安全知识培训，并颁发"安全生产教育培训证书"。根据国家对中央企业安全管理人员的要求，参加取得"安全合格证书"的培训。

分公司负责对项目公司专（兼）职安全管理人员和新入职员工每年进行至少一次的安全知识培训，颁发"安全生产教育培训证书"。各分公司、项目公司应根据当地省级安全监管部门、国家能源派出机构的通知要求，参加相应的安全取证培训。

承担工程建设项目的项目公司在工程项目开工前，应对施工承包单位、监理单位等相关方的教育培训工作进行监督检查和备案。

各单位安全管理部门应建立健全安全教育培训档案。内容包括：

教育培训计划、通知、签到表、评价表等；

培训教材、课程安排、教育培训卡、培训小结等；

学员名单、考核结果等。

第三章　安全管理人员教育培训

公司各单位安全管理人员初次教育培训时间不得少于 32 学时,每年再培训时间不得少于 12 学时。培训内容包括:

国家安全生产方针、政策和有关安全生产的法律、法规、规章及标准,集团公司各项安全管理规章制度;

安全生产管理基本知识、安全生产技术、安全生产专业知识;

重大危险源管理、重大事故防范、应急管理和救援组织以及事故调查处理的有关规定;

职业危害及其预防措施;

国内外先进的安全生产管理经验;

典型事故和应急救援案例分析;

其他需要培训的内容。

分公司负责对项目公司专(兼)职安全管理人员的初次教育培训时间不得少于 24 学时,每年再培训时间不得少于 8 学时。培训内容包括:

国家安全生产方针、政策和有关安全生产的法律、法规、规章及标准,集团公司和公司各项安全管理规章制度;

安全生产管理、安全生产技术、职业卫生等知识;

伤亡事故统计、报告及职业危害的调查处理方法;

应急管理、应急预案编制以及应急处置的内容和要求;

国内外先进的安全生产管理经验;

典型事故和应急救援案例分析;

其他需要培训的内容。

第四章　生产岗位员工教育培训

各单位新入职员工在上岗前必须经过三级安全教育培训,岗前培训时间不得少于 24 学时,每年接受再培训的时间不得少于 8 学时,并经考试合格后,方可安排工作。

公司级的安全教育培训内容包括:国家有关安全生产的方针、政策、法律、法规和条例等;单位发展史、安全生产概况和安全生产特点介绍;单位各项安全管理制度;安全技术、职业卫生和安全文化的知识、技能;从业人员安全生产权利和义务;同行业典型事故案例等;

分公司级的安全教育培训内容包括:生产流程、设备情况及岗位工作任务、特点、注意事项;安全生产责任制、岗位安全工作职责、安全技术规程、标准化作业规程;安全设施、工(器)具、个人防护用品、防护器具、消防器材的性能及正确使用方法;

生产工艺中的危险重点、要害部位、危险介质防范措施；典型的事故案例、事故预防与管理、应急培训与演练；其他需要培训的内容；

项目公司级的安全教育培训内容包括：安全生产责任制和岗位安全工作职责；岗位安全操作规程、岗位之间工作衔接配合的安全与职业卫生事项；岗位事故预防与管理、应急培训与演练和有关事故案例；本岗位危害因素及应急处理知识、应知应会等。

各单位特种作业人员实施持证上岗制度。对从事电气、起重、司炉、焊接、爆破、登高架设、厂内机动车驾驶以及接触易燃、易爆、有害气体、射线、剧毒物质等特种作业人员，必须接受法定培训资质的机构的安全培训，经考试合格，取得特种作业操作资格证书后方可上岗作业。

发生造成本单位人员死亡的生产安全事故的单位，其特种作业人员对造成人员死亡的生产安全事故负有直接责任的，应当重新参加安全培训。

第五章　其他岗位人员的安全培训

各单位应对在岗人员进行定期或不定期安全教育培训和考核。

其他岗位人员由于工作需要调整工作岗位后，由于岗位工作特点、要求不同，应重新进行新岗位安全技术理论培训和实际操作技能培训，并经考试合格后方可上岗作业；

凡离岗 3 个月以上的员工，重新上岗作业应重新进行安全教育培训，经考核合格后，方可上岗作业；

各单位实施新工艺、新技术或者使用新设备、新材料时，应当对有关岗位人员重新进行有针对性的安全教育培训；

各单位应对轮岗人员、转岗人员、劳务工、劳务派遣人员、实习人员进行岗前安全教育培训，督促其严格执行本单位的安全生产规章制度和安全操作规程；向其如实告知作业场所和工作岗位存在的危险因素、防范措施以及事故应急措施，并执行安全教育培训签字制度，即由接受安全教育培训人员在教育培训记录上对培训内容签名确认。

第六章　教育培训方式

各单位应根据各自特点，开展全员安全教育培训。安全教育培训的形式可多样化。包括：

举办安全教育培训班，系统地学习基础理论知识和专业知识；

开展"安全月""安全周""安全日"活动，进行安全教育、安全检查、安全装置的维护；

利用广播、电视、录像、报纸、黑板报、宣传栏、图片展览等，以及张贴安全生产宣传画、宣传标语及安全标志等，做好安全教育知识的宣传活动，时刻提醒人们注意安全；

召开安全生产会议，专题计划、布置、检查、总结、评比安全生产工作；

召开事故现场会，分析造成事故的原因及教训，确认事故的责任者，制定防止事故重复发生的措施；

学习有关安全生产法规、文件和企业规章，开展安全生产知识竞赛，对优秀选手进行安全奖励。

第七章　附　则

本办法为公司三级管理制度，由安全管理部门负责起草和修改，经公司总经理办公会审议通过后发布。

本办法由公司安全管理部门负责解释。

参考文献

［1］ 国务院. 天津港"8·12"瑞海公司危险品仓库特别重大火灾爆炸事故调查报告：[R/OL].（2016-02-05）[2024-01-11]. https：//www.mem.gov.cn/gk/sgcc/tbzdsgdcbg/2016/201602/P020190415543917598002.pdf

［2］ 中华人民共和国国家质量监督检验检疫总局，中国国家标准化管理委员会. 风险管理术语：GB/T 23694—2013[S]. 北京：中国标准出版社，2013：12.

［3］ 肖雪峰，崔久龙，潘龙涛. 安全生产双重预防机制信息化系统模块建设[J]. 劳动保护，2022（6）：87-90.

［4］ 高建强. 安全风险分级管控和隐患排查治理双重预防机制建设分析[J]. 石化技术，2022，29（2）：193-194.

［5］ 邓红梅. 安全风险分级管控和隐患排查治理双重预防机制建设浅析[J]. 科学与信息化，2023（1）：7-9.

［6］ 山西省市场监督管理局. 电力企业安全风险分级管控和隐患排查治理双重预防体系规范：DB14/T 2536-2022[S]. 山西省市场监督管理局，2022：9.

［7］ 国务院安委会办公室：《关于印发工贸行业〈企业安全生产标准化建设和安全生产事故隐患排查治理体系建设实施指南〉的通知》（安委办〔2012〕28号）.

［8］ 应急管理部危险化学品安全监督管理一司《危险化学品企业双重预防机制数字化建设工作指南（试行）》（应急危化-〔2022〕1号）.

［9］ 国务院安委会办公室关于实施遏制重特大事故工作指南构建双重预防机制的意见（安委办〔2016〕11号）.

［10］ 国务院关于进一步加强企业安全生产工作的通知（国发〔2010〕23号）.

［11］ 标本兼治遏制重特大事故工作指南（安委办〔2016〕3号）.

［12］ 安全生产事故隐患排查治理暂行规定（国家安全生产监督管理总局第16号）

［13］ 胡月亭. 安全风险预防与控制[M]. 北京：团结出版社，2017.

［14］ 上海市应急管理局. 上海市企业安全风险分级管控实施指南[EB/OL].（2020-03-03）[2024-04-11]. https：//viali.shgov，cn/resource/a4/a4545692561440e0a93253404dd97e7b/a24d758a07b48a35e517991693c58d89.pdf

［15］ 云南省应急管理厅. 关于印发《云南省工贸行业企业安全风险源点定性定量判别参考标准指南（试行）》的通知：云应急[2022]8号[A/OL].（2022-01-18）[2024-04-11]. yjglt.yn.gov.cn/html/2022/gsgg_0118/24006.htm

[16] 宁尚根. 企业安全风险分级管控与隐患排查治理双重预防机制构建与实施指南[M]. 徐州：中国矿业大学出版社，2018.

[17] 国家安全生产监督管理总局宣传教育中心. 安全生产隐患排查治理工作指南[M]. 北京：国家行政学院出版社，2008.

[18] 徐杨，张源，王昭华. 数字化系统在危化品企业双重预防机制建设中的应用[J]. 石化技术，2024，31（03）：290-292.

[19] 王强，林树坤. 基于多端应用的煤矿双重预防信息系统研究[J]. 计算机应用与软件，2023，40（09）：93-98.

[20] 徐广宇. 某水业公司双重预防机制安全管理指标体系的设计与应用[D]. 哈尔滨：哈尔滨工业大学，2020.

[21] 国务院安委会办公室关于实施遏制重特大事故工作指南构建双重预防机制的意见[N]. 中国安全生产报，2016-10-14（003）.

[22] 陈海群，陈群，王凯全，主编. 化工生产安全技术[M]. 北京：中国石化出版社，2012.

[23] 于亮. 化工企业双重预防机制建设研究[D]. 唐山：华北理工大学，2021.

[24] 全国人民代表大会常务委员会. 中华人民共和国安全生产法[M]. 北京：中国法治出版社，2021.